高等院校工业设计规划教材

设计心理学

田蕴 毛斌 王馥琴/ 编著

U0281194

电子工业出版社

Publishing House of Electronics Industry

北京·BEIJING

内容简介

设计心理学是数字艺术类平面艺术设计、广告艺术设计、多媒体等艺术设计专业造型设计基础课程。本书从色彩的基础理论入手，循序渐进地揭示了色彩理论与色彩实践中的各个知识点，从色彩的局部到色彩的整体，使学生认识色彩、了解色彩、把握色彩、应用色彩，了解色彩的发展历程，以及色彩应用的发展趋势。

本书适合工业设计、艺术设计、园林设计及广告设计等专业的本科生和研究生使用，也可供相关专业的教师、研究人员和设计人员参考。

未经许可，不得以任何方式复制或抄袭本书之部分或全部内容。
版权所有，侵权必究。

图书在版编目（CIP）数据

设计心理学 / 田蕴，毛斌，王馥琴编著. —北京：电子工业出版社，2013.11
高等院校工业设计规划教材
ISBN 978-7-121-21512-4

Ⅰ.①设… Ⅱ.①田… ②毛… ③王… Ⅲ.①工业设计 – 应用心理学 – 高等学校 – 教材
Ⅳ.①TB47-05

中国版本图书馆CIP数据核字（2013）第221296号

责任编辑：王树伟
特约编辑：赵海红
印　　刷：北京七彩京通数码快印有限公司
装　　订：北京七彩京通数码快印有限公司
出版发行：电子工业出版社
　　　　　北京市海淀区万寿路173信箱　　邮编：100036
开　　本：787×1092　　1/16　　印张：13　　字数：332.8千字
版　　次：2013年11月第1版
印　　次：2025年1月第21次印刷
定　　价：49.80元

凡所购买电子工业出版社图书有缺损问题，请向购买书店调换。若书店售缺，请与本社发行部联系，联系及邮购电话：（010）88254888。

质量投诉请发邮件至zlts@phei.com.cn，盗版侵权举报请发邮件至dbqq@phei.com.cn。

服务热线：（010）88258888。

艺术学院与机械工程学院中相关专业均可选取本套教材。

主要专业

本套教材可服务的专业主要有：工业设计、产品设计、模具设计与制造、数控加工与制造4个专业。

专业名称	专业培养目标
工业设计专业	系统地掌握本专业必需的基本理论知识和必备的基本技能及方法，具有较强的实践动手能力，适应全国经济建设和社会发展需要，适合具备汽车、家电、家居饰品、首饰等产品造型设计能力的高级应用型专门人才学习
产品设计专业	掌握本专业必需的基础理论与技能，具有独立创新和一定的审美能力，具有较强的产品电脑设计和造型设计能力，具备现代工业产品造型设计、产品包装设计、产品生产管理等方面能力的高素质技能型人才
模具设计与制造专业	培养模具设计与制造的高级应用型技术人才，毕业生可从事企业生产所需模具及其工装的设计与制造、模具装配与调试、模具企业经营与管理工作
数控加工与制造专业	掌握本专业的基本技术知识，具有扎实的理论基础、精湛的操作技术，具备解决复杂工艺难题的能力，可作为熟练掌握数控加工工艺和数控加工程序编制方法，熟练进行数控加工设备的操作和维护的生产第一线技术骨干和生产现场的技术带头人的参考书

教材特色

- 创新性——突出科技与艺术的结合，体现现代工业设计领域的新技术、新材料、新工艺，引领未来工业设计领域的发展趋势。
- 系统性——涵盖工业设计专业的所有学科，特别是新兴学科，对于新开本专业的院校具备一定的指导性。
- 实用性——突出以人为本的理念，强调培养个人能力为目标，注重针对学院培养实用性人才策略。
- 环保性——教材内容强调绿色、环保、节能理念，并具有可持续发展性。
- 延展性——教材编写者均为业内知名教师与一线设计名家，后续可以为广大教师与学生提供完善的交流学习平台。

根据课程的特点，为教师开发了相关配套教学资源，以教材为核心，从教师教学角度出发，为教师提供了PPT教学课件、电子教案与学时分配建议表，可以大大提高教师的教学效率。

根据每本教材的不同，有针对性地为学生提供相关的练习素材与拓展训练，方便学生练习使用。

为了方便使用本套教材授课的教师与本套教材编写专家沟通，特创建了"教师授课交流QQ群，可容纳1000名教师同时在线交流"。获取以上教学支持的方法如下：

电子邮件：ina@fecit.com.cn；kdx@fecit.com.cn
联系电话：010-88254160
教师QQ群号：218850717（仅限教师申请加入）

前　言

随着我国经济与教育事业的的稳步发展，工业设计作为一门新兴学科得到了快速发展。我国的工业设计现在还处于以产品设计为核心的发展阶段，其研究方向也从对工业设计定义的理解走向了对设计理念的探讨和设计思想的形式。在此形势下，设计心理学作为设计学科的一门基础性理论学科，其基础核心知识与理论随着设计人员的重视得到不断研究和提高。

在我国现阶段，设计心理学还处在基础发展阶段，其内容体系还没有完全建立起来。面对不同的专业其具体内容往往差别比较大。在本书的编写中，我们努力使其内容全面，从而搭建起一个较完善的设计心理学体系。本书有以下特点：

● 范围涵盖广、内容全面。从市场、用户、设计师及工学各个角度进行分析；

● 示例丰富、图文并茂。通过大量的设计实例来分析说明，易于理解；

● 注重实用性。在保证理论系统性的同时，注重给设计师以实际的启迪；

● 注重示例的前沿性与创新性，帮助设计师提高创新意识和创新能力。

本书综合了编者的教学体会，参阅了心理学、美学、工学等资料总结编写而成。具体内容包含以下几个方面：第一部分是从市场的角度，介绍了消费者心理学的内容，包括消费者的需要、动机、决策及市场需求分析等（如第2章）。第二部分是从用户使用角度，在介绍感觉、知觉、注意、认知、思维等概念基础上，阐述了知觉过程、以用户为中心的心理模型、用户出错及产品的界面设计等理论体系（如第3章），这一部分内容也是重点内容。第三部分是关于设计审美及创造性思维的培养（如第4章、第5章）。第四部分是情感化设计，在结合设计情感要素的基础上分析了情感化设计及方法（如第6章）。第五部分涉及心理学的延伸学科——感性工学（如第7章）。第六部分是综合的实例（如第8章），希望通过设计案例给读者以启迪。

本书第1章、第3章、第4章、第5章、第7章由田蕴编写，第6章、第8章由毛斌编写，第2章由王馥琴编写。全书由田蕴统稿。另外，感谢李月恩老师提供的感性工学的资料，同时也感谢仇道滨提供的资料。还有为本书所用图片或资料的来源的研究者，在此一并表示感谢。参与本书编写的人员有：黄成、焦玉琴、范波涛、李华、沈学会、刘春媛、王建华、张岩、黄晓燕、李达、梁惠萍。

本书适合工业设计、艺术设计、园林设计及广告设计等专业的本科生和研究生使用，也可供相关专业的教师、研究人员和设计人员参考。

限于水平和时间关系，书中不足之处在所难免，恳请广大师生、读者批评指正。

编著者

2013年7月

目　录

目　　录

目　　录

目　　录

目　　录

目　录

第1章
设计心理学概述

本章重点

◆　设计心理学的研究对象和内容。

◆　设计心理学研究的意义。

◆　设计心理学的形成及发展。

◆　设计心理学的研究方法。

学习目的

通过本章的学习，了解设计心理学的研究对象和内容；了解心理学的不同分支；掌握设计心理学的不同研究方法，为进行设计心理学的研究打下良好的基础。

设计过程是创造的过程。日文在翻译"design"这个词时除了使用"设计"这个词以外,也曾用"意匠"、"图案"、"构成"、"造形"等汉字所组成的词来表示。原研哉在《设计中的设计》中说"设计就是通过创造与交流来认识我们生活在其中的世界。好的认识和发现，会让我们感到喜悦和骄傲。"如果说生活中的设计概念有一个具体的物态来体现，那么专业概念的设计从纵深上说，其开始来源于人的需求，通过一定载体，最终服务于人。在这个过程中，人的因素是最关键的。而人的需求、人的感知、认知物体及物体给人带来的愉悦和满足,都是人心理的一种特征或者过程。因而通过研究设计心理学的知识，并把它应用到设计中，设计出符合人们需求、易于使用、给人们带来愉悦的产品是设计心理学的核心和关键。

1.1 设计心理学的界定

设计心理学中的设计一般意义上是指工业设计（Industrial Design）。工业设计从广义上来说，是现代的视觉传达设计、产品设计、环境设计的统称。从狭义上说是产品设计，在我国也曾被称为工业美术设计、产品造型设计等。1980 年，国际工业设计协会（ICSID）给工业设计做了如下的定义："就批量生产的工业产品而言，凭借训练、技术知识、经验及视觉感受，而赋予材料、结构、构造、形态、色彩、表面加工、装饰以新的品质和规格，叫做工业设计。根据具体情况，工业设计师应当在上述工业产品全部侧面或其中几个方面进行工作，或者，当工业设计师对包装、宣传、展示、市场开发等问题的解决付出自己的技术知识和经验及视觉评价能力时，这也属于工业设计的范畴。"工业设计的定义工业设计的过程、范围、本质做了界定。2006 年，ICSID 给工业设计做了新定义"设计是一种创造性的活动，其目的是为物品、过程、服务及它们在整个生命周期中构成的系统建立起多方面的品质"。因此，设计既是创新技术人性化的重要因素，也是经济文化交流的关键因素。在新的定义中，淡化了工业设计的具体载体形式，强调了创造性和人的因素。这说明在工业设计中人性化越来越受到重视。心理学是研究人的心理特征和心理过程的一门学科。设计心理学是工业设计与心理学所交叉的一门学科，也可以理解为心理学在工业设计中的应用。

国内许多学者也对设计心理学有自己的定义。最早的一本设计心理学书籍是李彬彬编写的，她指出"设计心理学是研究在工业设计活动中，如何把握消费者心理，遵循消费行为规律，设计适销对路的产品，最终提升消费者满意度的一门学科。"李乐山则从创新设计的角度出发，认为研究设计心理学最大的目的就是设计者以社会心理学为依据，设计调查方法。并用心理学的思维方式，建立设计需要的用户模型，建立人与物的关系，最终解决的是人机界面的问题。青年学者柳沙认为设计心理学是研究设计艺术领域中的设计主体和客体（即消费者和用户）的心理现象，以及影响心理现象的各个相关因素。

以上定义从不同角度阐述了设计心理学。李彬彬更倾向于从市场的角度，以消费者的心理特征作为研究重点。而李乐山则从用户使用角度，以解决实际设计问题作为出发点。在此，我们综合以上观点，认为设计心理学是研究在进行产品创造过程中的心理现象的一门学科。主要目的是设计主体（设计者）运用心理学的知识和分析方法来满足设计客体（消费者或用户）的心理需求。包括设计中对人的认知、情感和个性的表现及相关因素的研究。要解决的是工业设计中为满足人的心理所做的人机界面的问题，也就是研究怎样确定人与物、人与人，以及人与环境和谐统一的问题。

设计心理学是工业设计学科的重要的理论基础。其根本的出发点是以人为本。以人为本就意味着设计中要充分考虑人的心理、生理特征、人的认知过程、人的情感过程、人的个性等方面。从心理学的学派上来看，社会心理学、动机心理学、认知心理学、情绪心理学、工程心理学、经济心理学、管理心理学、市场心理学都与工业设计有着密切关系。也就是说设计心理学是这些学派中相关心理学知识的一个融合。

1.2 设计心理学的研究对象和内容

设计心理学是心理学的一个分支，属于应用心理学范畴。其研究对象是在心理学研究对象的基础上，研究产品设计及使用过程中相关的人的心理。其研究内容涵盖此过程中所涉及的各方面心理学的知识。

1.2.1 设计心理学的研究对象

在进行产品创造的过程中，人的因素包括两个方面，一方面是设计者；另一方面是消费者或使用者。在产品进入市场阶段时，会有许多因素来影响这个产品的销售，其中包括社会、政治、经济、文化的影响，当然更多的是消费者心理需要、动机及态度的影响。产品进入使用阶段的时候，人与产品之间会有许多心理现象出现。具体包括认知过程、情感过程、人所表现的个性心理特征等。设计的产品本身会体现很多适应人的心理认知及情感过程等心理现象的具体形态结构，消费者或使用者把心理需求物化的结果。围绕着人，我们可以把设计心理学研究的对象分为设计主体的心理及设计客体的心理。

1. 设计主体的心理

设计中的主体是设计师，设计师的心理是我们研究的对象之一。设计师是具有主观意识、自主思维和情感的个体。设计者对产品的设计是通过其思维方式来对专业知识进行整合与运用的。不同的设计师因其思维方式不同设计得到的产品完全不同。好的设计一定是创造性思维起作用的结果。要想有好的设计，设计师首先要分析自己思维的特点，可以运用心理学的一些知识，有意识地培养自己的思维方式，开发自己的设计技能和创造潜能。

设计师学习心理学的基础知识，可以更好地协调人与人之间的关系。使他们能以良好的心态和融洽的人际关系从事设计，以及培养设计者与用户及消费者之间的沟通能力，使他们能够敏锐感知产品的流行趋势、消费动态。

2. 设计客体的心理

在不同的环境和阶段，设计所服务的设计客体的概念会有所侧重。在市场概念下，购买产品或有可能购买产品的人，称为消费者。从市场的角度，研究消费者的心理是设计心理学的研究对象之一。消费者在消费过程中的心理现象，首先表现为消费者对产品的视觉、听觉、嗅觉、记忆、思考和对产品的好恶态度，从而引发消费者肯定或否定的情感，产生购买决策和购买行为。这些心理现象，反映在同样的产品设计上，在不同的消费者身上会有着共性的规律性的东西，组成消费者心理的一般性内容。消费者在消费过程中的心理现象还表现在消费者的个性心理上，表现为他们对产品的不同兴趣、需要、动机、态度、观念，从而产生不同的购买决策和购买行为。消费者心理学可以为设计师提供影响消费者决策的、可以由设计来调整的心理因素，使设计师更加有效地获取和运用这些有效的心理参数进行设计，从而设计出适销对路的畅销产品。

产品在销售以后，从市场进入家庭或其他场所，进入了产品的使用阶段。使用产品的人称为用户，研究用户心理是设计心理学中的一个重点内容。用户使用产品的过程是一个认知过程，这个过程中的感知、注意、记忆、思维等心理学方面的概念是我们研究的对象之一。用户的知觉过程、思维过程也是研究的重点。因为一个好的产品应该是易于操作、被用户很快接受、操作简便的产品。要想做到这一点，设计师必须对用户的知觉模式和思维模式了解，在产品的形态结构中提供便于操作行动的条件，给用户正确的引导。也就是说设计师在建立产品设计模型时应该与用户的心理模型一致。通过对用户心理的研究，可以建立正确的设计调查方法，建立符合用户心理的产品思维模型和任务模型，设计出易于使用、符合用户认知的好的产品。

一个心理活动的发生，是要以生理为基础、在动力系统的驱使下，由个性不同的人来完成的不同心理过程和行为的总和。心理活动是设计心理学的直接研究对象。心理活动的发生是由以下四个方面决定的：一是基础部分，包括生理基础和环境基础。生理基础是人的生理机能，是人产生心理现象的内在物质条件。环境基础是心理活动和行为产生的外在物质条件；二是动力系统，包括需要、动机和价值观念等，这是人的心理活动和相应行为的驱动机制；三是个性心理，包括人格和能力等，它是个体之间的差异性因素。四是心理过程，包括认知过程、情感过程、意志过程。认知过程包括感觉、知觉、记忆、想象、思维和言语等具体形式。情感对人的认知和行为起着调节和控制作用。意志过程是一个控制的过程。

1.2.2　设计心理学的研究内容

设计心理学作为应用心理学的一个新的分支，研究的是消费者或用户心理及设计师心理活动规律在设计中的运用。由于它是一门交叉性、边缘性、渗透性的学科，所以涉及的内容也很广泛。它涉及普通心理学、工程心理学、社会心理学、经济心理学、管理心理学、市场心理学等应用心理学方面的知识，涉及艺术学、材料学、设计理论、美学、感性工学等工业设计方面的专业知识，也涉及一些有关设计理论和应用心理学的最新研究成果。

本书对设计心理学的主要研究内容进行了阐述。具体包括从市场角度研究消费者心理、从使用角度研究用户心理、人的审美心理、创造性思维。另外，本书还对设计心理学密切相关的情感设计、感性工学等内容也做了论述，并在本书的最后提供了一些典型的示例。

1.3　设计心理学的研究意义

设计心理学是工业设计专业一门重要的理论基础，是设计师必须掌握的学科。设计师通过对设计心理学的学习，可以丰富自己的知识，开发自己的设计思维，设计出符合人们需要的好的设计。从心理学的角度指导工业设计的理论和实践，具有重要的理论意义和现实意义。

1.3.1 设计心理学是培养优秀设计师的需要

设计心理学虽然主要研究的是人的心理现象，但却是以设计师的培养和发展为核心的，目的是通过对设计师进行心理和创造思维的训练，提高和发展设计师的创造力，完善设计师的人格，丰富设计师的专业知识，使之成长为优秀的设计师。具体表现在以下几个方面。

1. 设计心理学可以使设计师拓宽设计思路，增强创新思维能力

设计创造思维是产生创造性设计的前提。设计心理学的一个重要作用就是研究设计创新思维，为设计师进行创新性设计创造条件。人的思维在一定程度上是可以培养的。通过对人的顺向思维、逆向思维、纵向思维、横向思维、复合思维、直觉思维和灵感思维的训练，创造产生创造直觉和设计灵感的条件。陈汗青认为，好的设计是灵感与智慧碰撞后产生的情理之中、意料之外的结晶。一位优秀的设计师要保持自己旺盛的创造力，就必须不断地从实践中获得灵感。

2. 设计心理学可以使设计师树立正确设计观念——以人为本的设计原则

工业革命以来，出现了大量机器、工具，其基本设计思想是机器的功能和生产效率，并没有把操作者放在首位，迫使人的操作要适应机器的速度、强度和行为方式，形成"以机器为本"的设计思想。为了解决这些问题，出现了"以人为本"的设计思想。以人为本意味着设计的产品应该适应人操作的生理和心理特性，为此要了解人的特性，要将心理学作为设计的基本思想来源之一。坚持"以人为本"必须真正以消费者和用户为中心做设计。

设计师进行产品的设计不仅仅是提供必要的功能和服务，也不是简单地去美化和装饰产品，而是要使人造物更贴近人的情感、生活和多样性的需要。一个设计师如果脱离了人们的需要，那他的设计将是"以我为中心"的设计，这种设计就成了"无源之水"、"无本之木"，不可能得到人们的认可。

3. 设计心理学可以帮助设计师形成健全的人格，有助于设计师自身的发展

设计的过程决不仅仅是产品技术功能和美学设计的简单叠加，还是一个创造的过程。设计师设计出好的作品不仅需要良好的技能和专业的知识，还必须有一个健康良好的心态和一个健全的人格。使其认知具有准确性、情感具有稳定性、意志具有坚定性、个性具有创造性。这样才能有效地与消费者、用户进行沟通。从中取得有益的信息，为设计所用；才能在设计中彻底贯彻设计最初的创意并随之深入直至生产；才能实现创新设计。

1.3.2 设计心理学是产生"好的设计"的需要

好的设计是设计心理学的目的和归宿，对于好的设计的标准也是不断发展变化的。在过去只要能够充分发挥物质效能、最大限度地满足人们的物质需求的设计就是好的设计。现代人们对设计的要求和限制越来越多，人们不仅要求获得产品的物质效能，而且迫切要求满足心理需求。既能够最大限度地满足人们的物质需要，又能够最大限度地满足人们的审美需求，成为评价一个设计是不是"好的设计"的标准。设计越向高深的层次发展，就越需要设计心理学的理论支持。设计不是天马行空地想象，它需要有生根发芽的土壤，需要有现实的依据。设计心理学给了我们这样的依据，并可以拓宽、规范设计者的思路。

从市场角度来说，设计心理学可以帮助细化目标市场。多样化市场的需求是现代社会发展的趋势，能否对市场有前瞻性理解是企业生存的关键。设计心理学可以帮助我们细化目标市场，寻找潜在用户，进行细化的用户研究，提高产品的存活率、竞争性。

从产品使用角度说，设计心理学可以增进设计的可用性。工业设计的基本目的就是通过造型规划人与物之间的关系，使用户比较自如地形成使用技能，方便、舒适地对产品进行操作和使用，也就是我们所说的"人机合一"、"知行合一"。而设计心理学就是这样一座桥梁，连接着设计师和用户。通过对设计心理学的研究，可以让设计师在设计时充分掌握人的因素，让设计最大限度地符合人的需求，增进设计的可用性。具体的方法是通过两种途径来实现。第一，以心理学和社会心理学为依据，建立设计调查方法。在设计领域缺乏比较系统的设计调查方法。许多人用市场调查来代替设计调查，往往不能得到完整的设计所需要的信息。市场调查中包含一部分与设计有关的信息，例如，可以发现销售产品存在的问题，以供今后改进设计。但是未来产品在市场上还不存在，他们无法通过市场调查获得系统的信息。第二，用心理学的思维方式，建立设计需要的用户模型，建立人与物的关系。用户模型可以分为任务模型和思维模型。前者分析用户完成操作认知的过程，后者分析用户的知觉、认知、学习和操作的出错特性。以此作为设计人物关系，发现设计引起的问题，例如，安全问题、可用性问题、疲劳问题、操做出错问题、用户学习负担等，并改进人物关系或人机关系。通过用户操作心理分析，可以通过设计为用户提供有力的行动条件，为设计易用性打下坚实的基础。

1.3.3 设计心理学是"不断发展的设计"的需要

社会在发展，我国的经济也在突飞猛进，这些都使得设计的理论与产品也在不断发展。现在人们在一定的技术平台上研究虚拟设计、交互设计、体验设计、情感设计、无障碍设计等新的设计。所有的设计都是以设计心理学为基础，以产品用户为中心，其目的也是为了更加能够满足人们的各种心理需求、情感及精神需要。

交互设计（Interaction Design）从用户来讲是指开发易用、有效而且令人愉悦的交互式产品。它致力于了解目标用户和他们的期望，了解用户在进行产品交互时彼此的行为，以及人们本身的心理和行为特点及各种有效的交互方式。也就是说交互方式关注用户完成某一任务的行为和流程。交互设计是在认知心理的基础上发展起来的。

用户体验设计（User Experience）是在产品功能性达到要求的基础上，更强调用户的情感因素，如令人满意的、令人愉悦的、有趣的等。用户体验包括功能体验和情感体验，通常情况下只有当功能性体验满足用户要求时，用户才会产生更高级的正面情感特征，在特殊情况下，用户也会因为情感因素的放大，而忽视功能设计上的不足给他们带来的负面体验。如图1-1所示的是一款体验设计的产品，产品通过对妈妈子宫的形状和结构的模仿，给宝宝以温暖、安全的心理感受。

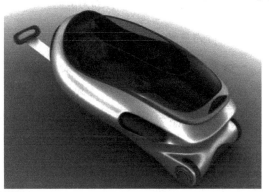

图1-1 婴儿床

1.4 设计心理学的形成与发展

设计心理学是一门新兴学科，其形成及发展的时间并不长。而心理学起源于古希腊，有着漫长的发展历程。在长时间发展过程中心理学形成了不同的心理学派及心理学分支。

1.4.1 心理学的形成与发展

心理学起源于古希腊。柏拉图和亚里士多德开始建立了哲学范围内的心理学体系。最初是古希腊医学之父波克拉底（公元前 460 年至公元前 377 年）形成了"气质说"，认为良好的健康是由四种体液平衡所致。这四种体液形成四种气质，即黏液质、多血质、忧郁质、胆汁质。柏拉图（公元前 428 年至公元前 348 年）认为科学的观察仅提供了有效的信息，思想允许获得真正的知识。他建议采用理性主义方法，使用逻辑分析去理解世界及人与自然的关系。柏拉图还认为健康的心灵存在于健康的体魄。现在我们使用的演绎推理的方法，也是柏拉图所研究的。柏拉图的学生亚里士多德（公元前 384 年至公元前 322 年）认为，灵魂与身体之间存在着密切的联系。他在《动物论》中研究了感觉、虚幻、思想等概念，把灵魂产生的地方叫心灵，心灵不是非物质的，而是思想过程中所采取的步骤。这种功能主义的分析方法也在影响着认知相关理论的发展。亚里士多德在思维方法上倾向于归纳一般原理或趋势。他认为我们通过所经历的经验和观察来掌握知识。

现代心理学产生于 19 世纪的德国。实验心理学的产生标志着心理学逐步脱离哲学，走向科学。威尔海姆·冯德规划组织了心理学体系，创建了现代意义上的心理学。他认为心理学是关于精神的科学，把心理学定义为研究意识并探索控制心灵的独特规律。形成了结构主义心理学。他在研究中使用的研究方法主要是实验的方法，并以内省法为辅助。冯德研究的对象主要是意志活动，并逐步形成了意志心理学。20 世纪 60 年代后，德国在这一理论的基础上发展成为动机心理学，主要研究人的行动特性。

1.4.2 不同学派心理学的发展

1. 行为主义心理学

行为主义心理学是美国现代心理学的主要流派之一，也是对西方心理学影响最大的流派之一，是美国心理学家华生（见图1-2）在巴甫洛夫条件反射学说的基础上创立的。行为主义者在研究方法上否认内省，主张采用客观观察法、条件反射法、言语报告法和测验法。

1913年，华生的论文《一个行为主义者所认为的心理学》宣告行为主义心理学正式成立。1919年，他的著作《行为主义观点的心理学》问世。在这部书内，他采用了巴甫洛夫的条件反射的概念，系统地表述了他的行为主义心理学的理论体系。他主张心理学应该屏弃意识、意象等太多主观的东西，只研究所观察到的并能客观地加以测量的刺激和反应。他认为人类的行为都是后天习得的，环境决定了一个人的行为模式，无论是正常的行为还是病态的行为都是经过学习而获得的，也可以通过学习而更改、增加或消除，根据反应推断刺激，达到预测并控制动物和人的行为的目的。

1930年出现了新行为主义理论，以托尔曼（见图1-3）为代表的新行为主义者修正了华生的极端观点。他们指出在个体所受刺激与行为反应之间存在着中间变量，这个中间变量是指个体当时的生理和心理状态，它们是行为的实际决定因子，它们包括需求变量和认知变量。需求变量本质上就是动机，它们包括性、饥饿及面临危险时对安全的要求。认知变量就是能力，它们包括对象知觉、运动技能等。

图1-2 华生　　　　　　　　　图1-3 托尔曼

2. 佛洛伊德心理学

佛洛伊德是一名医学博士，1882年与精神病学家J.布洛伊尔合作，用催眠术医治并研究癔病。1895年后改用自己独创的精神分析或自由联想法，以挖掘患者遗忘了的特别是童年的观念和欲望。在治疗过程中，他发现患者常有抗拒现象，认识到这正是欲望被压抑的证据，因而创立了以潜意识为基本内容的精神分析理论。初期概念有防御、抗拒、压抑、发泄等。第一次世界大战期间及战后，他不断修订和发展自己的理论，提出了自恋、生和死的本能及本我、自我、超我的人格三分结构论等重要理论，使精神分析成为了解全人类动机和人格的方法。

佛洛伊德认为意识分三种功能层次，即有意识、潜意识和无意识。其中无意识是最大、最有影响的一部分。新生儿期所有的精神过程都是本我过程，处于无意识的欲望状态。本我的要求按快乐原则进行，不需顾及社会规则。通过人们有意识对孩子的教育，形成自我。自我是人意识到的部分，遵守现实原则。即人的欲望的满足要符合社会规范以保护自己不受侵害。当在进入社会以后，道德价值观念等变为人生价值观或者自我谨记的信条后，成为自我理想，形成超我。超我是道德的我，遵守理想原则，是人格中促使人完美、道德的部分。

3. 认知心理学

与行为主义心理学家相反，认知心理学家研究那些不能观察的内部机制和过程，如记忆的加工、存储、提取和记忆力的改变。认知心理学的创始人是纽厄尔、西蒙和奈瑟。20 世纪 50 年代后期产生于美国，60 年代得到迅速发展，70 年代已成为西方心理学的一个潮流。认知心理学主张用信息加工、综合整体的观点研究人的复杂认知过程。以信息加工观点研究认知过程是现代认知心理学的主流，它将人看做是一个信息加工的系统，认为认知就是信息加工，包括感觉输入的编码、存储和提取的全过程。按照这一观点，认知可以分解为一系列阶段，每个阶段是一个对输入的信息进行某些特定操作的单元，而反应则是这一系列阶段和操作的产物。信息加工系统的各个组成部分之间都以某种方式相互联系着。认知心理学家关心的是作为人类行为基础的心理机制，其核心是输入和输出之间发生的内部心理过程。但是人们不能直接观察内部心理过程，只能通过观察输入和输出的东西来加以推测。所以，认知心理学家所用的方法就是从可观察到的现象来推测观察不到的心理过程。有人把这种方法称为汇聚性证明法，即把不同性质的数据汇聚到一起，而得出结论。现在，认知心理学研究通常要实验、认知神经科学、认知神经心理学和计算机模拟等多方面证据的共同支持，而这种多方位的研究也越来越受到青睐。

4. 社会心理学

社会心理学是研究个体和群体的社会心理现象的心理学分支。个体社会心理现象是指受他人和群体制约的个人的思想、感情和行为，如人际知觉、人际吸引、社会促进和社会抑制、顺从等。群体社会心理现象是指群体本身特有的心理特征，如群体凝聚力、社会心理气氛、群体决策等。社会心理学是心理学和社会学之间的一门边缘学科，受到来自两个学科的影响，在社会心理学内部一开始就存在着两种理论观点不同的研究方向，即社会学方向的社会心理学和心理学方向的社会心理学。社会心理学与个性心理学的关系更加密切、更加复杂。美国心理学会迄今仍把个性与社会心理学放在一个分支里。一般来说个性心理学是研究个性特质形成和发展的规律，涉及自然和教化的关系，涉及较稳定的心理特质，而社会心理学则主要研究社会情境对个人的影响以及个人对这个情境的解释的作用。

1.4.3 设计心理学的形成与发展过程

设计心理学是 20 世纪 40 年代后期第二次世界大战以后逐步发展起来的，距今约六十年的历史。最初在二战期间，军事上研究人机工程、心理测量、工程心理等得到了广泛的研究。

例如，对工程心理学的研究，20 世纪 40 年代飞机速度超过了人的生理极限，雷达观测员往往漏报屏幕目标，这些问题导致在美国出现了工程心理学（Engineering Psychology），又叫人因工程学（Humanengineering），1945 年美国空军和海军建立了工程心理学研究所，当时在行为主义影响下，工程学的主要目的是培训操作员，主要方法是把人的心理因素模拟成机器参数，以适应机器的操作要求。由于机器操作主要依赖知觉和操作，从 20 世纪 50 年代到 80 年代，美国心理学界对知觉和动作进行了大量研究，主要解决的问题是雷达和声纳屏幕的错误，不应该迫使人去适应机器，而应该把机器设计得尽量适应人的生理和心理特性，由此把工程心理学改为人因素（Human Factor）。在二战后，这些有关理论在工业领域得到广泛应用。这些理论的研究与设计心理学中的感知、注意、人的操作特性等是一致的。也就是说这些理论为设计心理学的产生奠定了基础。

以人为本的设计思想为设计心理学指明了道路。以人为本的含义是机器在操作面上的特性应当适应人的生理和心理特性。1857 年波兰人亚司特色波夫斯基建立了人机学（Ergonomics）。这门学科的主要思想是研究劳动工作环境中人的生理特性，人的生理特性与设计的机器数据相匹配，机器设计和劳动管理适应。例如，适应人的尺寸、听觉、视觉、体力等。另外一些设计者发展了以人为本的思想，在人机界面上考虑了人的行为特性。例如，德国的奥特在 1877 年设计了一款定位斜角木锯。但是这种以人为本的设计思想在当时并没有得到广泛的关注。20 世纪 50 年代以后英国和美国出现了人机学和人因学（Human Factors）。这只是在人机学的基础上进行了进一步的发展，而以人为本的思想并没有真正确立起来。改变这一局面的是英国著名的人机学专家布朗顿从 1960 年到 1986 年在英国重新建立了以人为本的人机学。20 世纪 90 年代美国许多人也认识到传统人机学的问题，重新建立以人为本的人机学。20 世纪 60 年代后心理学开始广泛研究人的行动特性，设计界也普遍认识到人的行为方式与机器行为方式的不同，才真正有设计师建立起以人为本的设计价值观念。

20 世纪 60 年代后，信息技术迅速发展，人与计算机的交互问题成为人机系统的重要命题，界面控制普遍应用于生产、办公、生活的各个方面。人机界面设计成为工业心理学、人机工程学最重要的研究领域。先进的数字技术设备为产品中心理学的研究提供了有效的促进手段。比如，眼动仪、心电图、脑电波分析仪等。这些发展使与设计心理学有关的消费者心理学、广告心理学、工业心理学和人机工程学都得到迅速发展，并取得了巨大的进步。

美国认知心理学家、计算机工程师、工业设计家唐纳德·A·诺曼（Donald Arthur Norman），现为美国西北大学计算机科学系、心理学教授。他在 20 世纪 80 年代撰写了 *The Design Everyday Things* 一书。在书中他指出"想设计出以人为中心、方便适用的产品，设计人员从一开始就要把各种因素考虑进去，协调与设计相关的各类资料。设计的目的是要让产品为人所用，因此，用户的需求应当贯穿在整个设计过程之中。……设计师完全有可能生产出既具创造性又好用、既具美感又运转良好的产品。"他明确表明了以人为本的理念，并提出产品要具有易用性，在他的书中，就怎样做到易用及应该遵循的原则也做了阐述。这本书对于设计心理学的确立有着极其重要的作用。2003 年此书被翻译到我国，名称就是《设计心理学》，这本书对于我国工业设计产生了巨大的影响。设计师和研究者都在认识学习设计心理学的过程中，也进行了对设计心理学的研究，迄今为止，设计心理学的各种教材和书籍已从几年前的寥寥几本到现在的几十本之多。

2004 年唐纳德·A·诺曼出版了他的第二本有关设计心理学的书《情感设计》，书中指出，人脑有三种不同的加工水平，即本能的、行为的和反思的。人们对形的认识可以理解为一种本能水平上的认知方式，而对"态"则是更高水平的认识，即反思水平的认识。与人脑的这三种加工水平相对应，对产品的设计也有三种水平：本能水平的设计、行为水平的设计和反思水平的设计。本能水平的设计主要涉及产品外形的初始效果；行为水平的设计主要是关于用户使用产品的所有经验；反思水平的设计主要包括产品给人的感觉，描绘了一个什么形象，告诉人们它拥有什么样的品味。这些理论是用认知心理学原理解释了情感对用户（或消费者）的作用，以及其产生的生理、心理方面的原因。是对人的需求的进一步研究。

现在我国工业设计领域发展迅速，产品的设计正从模仿性设计向改良性设计再向创新性设计转变。设计心理学也引起了工业设计人士的广泛关注和浓厚的兴趣，并对之进行了不断的研究。比较有代表性的就是李乐山的《工业设计心理学》，在书中他提出了在运用设计调查对用户的需要、价值进行研究的基础上进行创新设计，并建立产品的思维模型和任务模型。对设计有具体的指导意义。总体上，我国对于设计心理学的研究还处于初级阶段，设计心理学的体系框架还没有真正搭建起来，设计心理学的内容大多还是借助于心理学的相关知识，没有真正和设计紧密融合。另外,国内对设计心理学的研究横向上的比较多,纵向上的比较少。也就是从面上入手，用总结归纳的方法来研究的多，从点上入入手，用实验的方法研究的比较少。这些都有待于广大工业设计专家与学者进行进一步的研究。

1.5　设计心理学的研究方法

设计心理学作为新兴的应用心理学的一个分支，其研究方法和手段并未形成独立的体系。设计心理学主要是借助心理学的研究方法。这些方法主要有:观察法、访谈法、问卷法、投射法、实验法等。

1.5.1　观察法

在具体研究人的心理过程中，由于人的心理因素是不可见的，我们只能通过一定的人的行动来研究他们的心理。观察法就是通过对人们行动的观察，来研究人们的心理的方法。换言之，就是在自然条件下，有目的、有计划地直接观察研究对象的言行表现，从而分析其心理活动和行为规律的方法。当对所研究的对象无法加以控制，或者在控制条件下，可能影响某种行为的出现，或者由于社会道德的要求，不能对某种现象进行控制时，我们常常采用观察法。无论是消费者心理还是用户心理,作为设计心理学的研究对象,都是无法控制的。因此，观察法是研究设计心理学最基本的方法。

在设计心理学研究中，比较常用的观察法有：直接观察法、间接观察法和借助机械的观察法。

直接观察法是指对发生的事或人的行为直接观察和记录。直接观察法又可以分为公开观察和隐蔽观察两种。调查人员在调查地点的公开观察称作公开观察，即被调查者意识到有人在观察自己的言行。隐蔽观察是指被调查者没有意识到自己的行为已被观察和记录。例如，在美国超级市场的入口处，市场调查人员对走进商店的顾客进行观察，观察顾客对推销的新产品的反应，以确定顾客对新产品的注意力及购买情况。

间接观察法是通过对实物的观察，来了解过去所发生过的事情，又称对实物的观察法。例如，21世纪初查尔斯·巴林先生对芝加哥街区垃圾的调查。这种对垃圾的调查方法，后来演变成进行市场调查的一种特殊的、重要的方法——"垃圾学"。所谓"垃圾学"是指市场调查人员通过对家庭垃圾的观察与记录，收集家庭消费资料的调查方法。这种调查方法的特点是调查人员并不直接对住户进行调查，而是通过查看住户所处理的垃圾，对家庭食品消费的调查。

三是借助机械的观察法。随着科学技术的发展，各种先进的仪器、仪表等手段被逐渐地应用到市场调查中。市场调查人员可以借助摄像机、交通计数器、监测器、闭路电视、计算机等来观察或记录被调查对象的行为或所发生的事情，以提高调查的准确性。例如，美国最大的市场调查公司——A.C.尼尔逊曾采用尼尔逊电视指数系统评估全国的电视收视情况。尼尔逊公司抽样挑出2000户有代表性的家庭，并为其分别安装收视计数器。当被调查者打开电视时，计数器自动提醒收视者输入收视时间、收视人数、收看频道和节目等数据。所输入的数据通过电话线传到公司的计算机中心，再由尼尔逊公司的调查人员对计算机记录的数据进行整理和分析工作。

观察法获得的材料是第一手的，比较真实可靠。掌握观察法要做到五个学会：一是学会"看"，根据观察时确定的目的和任务，确定观察的对象、方式和时机，"看"要遵循由整体到部分，再由部分到整体的规律，首先看事物或对象的整体，对整体获得初步的、一般的、大概的认知，然后再去细致地、入微地、及里地看事物或对象的各个部分，最后分析各部分与整体之间的联系；二是学会"听"，"听"是对"看"的检验和证实，"兼听则明、偏听则暗"，观察者要学会听取来自不同方面的意见和建议；三是学会"问"，主要是扣心自问，对于观察到的现象，不能仅仅停留在"是什么"上，要善于提出问题，思考这是"为什么"，是偶然的，还是具有规律性的；四是学会"记"，记录的内容包括观察对象、观察时间、被观察对象的言行、表情、态度、数量和质量；随着科学技术的发展，借用观察的方式不断改进，人们可以利用录像机、照相机、计算机等先进的手段来记录观察的结果；五是学会"结"，即观察者对观察结果的综合评价，它依赖于观察的数量和质量，在很大程度上更决定于观察者的知识、经验和能力。

观察法的优点是自然、真实、可靠，简便易行、花费低廉，观察法可以在完全自然的环境下进行，在自然环境下人们对于设计的广告宣传、产品造型、包装装潢等所表现出来的心理态势很容易观察到，如观察对象的语言评价、注视程度等。观察法也可以在非自然的环境下进行，即在人为设置的情景下进行，如通过举办设计作品展，可以设置出特定的观察情景，研究者可以通过观察了解消费者的心理活动。观察法的缺点是被动等待，并且事件发生时只能观察到怎样从事活动并不能得到为什么会从事这样的活动，使观察的结果具有一定的偶然性。因此，运用观察法特别要注意观察目的要明确、观察记录要细致、观察分析要客观、观察条件要多样。

1.5.2 访谈法

访谈法是通过访谈者与受访者之间的口头交谈，借此了解受访者的动机、态度、个性和价值观念或是对一种产品的看法，这种方法就是访谈法。访谈法有两个显著的特点：首先，访谈是访谈者与受访者互相影响、互相作用的过程；其次，它具有特定的科学目的和一整套设计、编制和实施的原则。

访谈法可以分为结构式访谈和无结构式访谈。结构式访谈也称为控制式访谈。它是根据既定目标，设立一些纲目，这些纲目可以是有关产品的具体问题，通过访谈者的主动询问，受访者逐一回答的方式进行的。从内容上说，与调查法有些相似，只不过是把问题的答案以直接问答的形式得到的。无结构式访谈又称无控制访谈。它没有既定的问题和内容，只是设立一个大范围的目标，是通过访谈者和被访者之间自然的交谈方式进行的。

这两种访谈法比较起来各有优缺点。结构式访谈组织严谨、条理清晰，整个访谈过程易于控制，访谈结果明确，便于统计分析，也省时间。缺点是访谈缺乏深度，被访者不容易进入状态，这样访谈结果可能有一定程度的失真。非结构式访谈没有固定的格式，不拘形式，气氛会比较融洽，受访者容易敞开心扉，容易说出自己的真实想法。缺点是无章可循，海阔天空，不容易控制访谈内容，访谈结果的价值性不确定。访谈者控制的好，能够得到较多有价值的信息，如果访谈者失去对访谈内容的控制把握，得到的信息往往是没有价值的。另外其访谈得到的信息也不容易进行量化的分析。

访谈可以直接进行面对面的访谈，称为直接访谈。也可以借助一定的中介物，访谈者和受访者进行非面对面的交谈，这种访谈称为间接访谈。直接访谈易于访谈者和被访者的直接沟通和交流，易于互动；对访谈者要求较高。间接访谈往往是电话访谈，电话访谈适用于访谈内容少，较简单的调查研究。其优点是保密性强，对访谈者要求不高，但不利于互动和交流。

访谈有很多技巧和策略。在进行访谈时要注意这些问题，访谈前要做充足的准备：一是访谈者要根据调查的目的要求，熟悉访谈的内容和范围。对访谈的内容要熟悉并有一定见解；二是要了解访谈者的基本状况，包括性别、年龄、职业、文化、性格、兴趣等，这有利于与受访者建立良好的关系；三是要选择好交谈地点和交谈时间。

在访谈中，最重要的是要以自己的真诚取得被访者的信任。首先要自我介绍，并出示自己的身份证或工作证，简要说明来意；二是说话行动要有礼有节、亲切和蔼，面对不同的被访者适度调整自己的说话方式；三是采用积极的态度,采用一定的语言技巧提高成功率。比如,不宜说"不知道您忙不忙，您能不能……"等不肯定语气的方式，而应该采用比较肯定的语气来叙述"我想请您了解一下……谢谢您的帮助和支持。"

无论是结构式访谈，还是无结构式访谈，一般在访谈中都需要做记录，或者可以说明进行录音的工作。如果受访者有顾虑，应认真做好思想工作，讲明研究结果的保密性。所有的谈话结果都会保密而不外露。如果被访者实在是不让步，也可以在谈话结束后再进行记录。

访谈的最后就是要做好访谈的结尾工作。在访谈过程中，访谈者应尽可能按预定时间准时结束访谈。如果因种种原因未能完成访谈内容，需推延访谈要征得对方的同意。访谈者还要善于根据访谈气氛的变化和临时出现的各种情况，灵活地把握访谈的结束时间。结束访谈时，访谈者应真诚地感谢受访者对研究工作的支持、合作和帮助，同时还应表示从对方那里学到了很多知识等。

访谈法看似简单易行，实际在访谈过程中会有各种各样的问题。访谈者应多多学习与人沟通的知识，提高自己的素质，端正自己的态度，这样才能在访谈调查中提高研究的质量和效率，更好地完成调查任务。

1.5.3 问卷法

问卷是由研究者将其所要研究的内容制成问题表的样式来给测试者进行测试，并将其问题和答案返回统计的一种信息采集工具。借助问卷作为搜集资料工具的研究方法，就是问卷调查法。

设计心理学的问卷法的核心问题在于问题的设计，同样的被调查对象群体，由于设计问题不同，或者同样的问卷或问题研究者的出发点不同，得出的结论往往大相径庭。因此，设计问卷时要注意以下几点：一是要根据所要研究的"产品"设计题目。问卷的题目要清楚、明确、不能含混不清或有多种解释，提问的方式应不带暗示性的表达；二是问卷的题目要考虑受测者的年龄、受教育程度及经济状况等特点。题目中要避免使用有损受测者感情的贬词，要回避受测者所在文化背景下的禁忌；三是问卷的结构、内容要规范、科学。具体形式可以采用封闭式问卷或开发式问卷的形式；四是问卷要便于统计。

问卷设计好以后，一般要进行预备性测验，以检查问卷的质量，减少误差。问卷质量的具体表现指标就是它的信度和效度如何。问卷的信度是指它测定结果的稳定性。稳定性越高，说明它受随机误差因素的影响就越小，反之则随机误差大。同一问卷同一组受测者施测两次，其前后两次测量的结果越一致，说明其稳定性越高，信度越高，问卷越可靠。问卷的效度是指问卷能测出待测属性或功能的程度。效度越高，说明问卷受系统误差的影响越小。为了保证问卷的质量，往往需要在预测的基础上对问卷反复修改。只有在问卷信度和效度都比较高的时候，问卷才能成为一种测量工具，使用后才能得到较为真实的数据，从而分析出对设计有用的结果。

问卷法的优点是方式灵活多样，可以同时调查很多人，也可以调查一个人，可以获得更多的从事某些研究需要的信息。缺点是由于问卷方法没有对研究条件进行严密的控制，被研究者的回答往往随心所欲，容易失真，问卷的结果往往受问卷问题的设置影响很大。在设计心理学中要发挥调查的作用，可以把问卷和访谈有机地结合起来，进行科学的抽样。

1.5.4 投射法

人的有些心理活动是隐藏于内心深处的，既不容易被别人察觉，也不愿意告诉别人。在对一般的访谈和问卷法得到的结果分析时，可以发现有些问题的回答并不真实，调查者有时有意或无意地就把自己的想法隐藏了。怎样才能使人们在不知不觉中表达自己的真实想法呢，投射法就是能让调查者表述真实想法的一种行之有效的方法。

投射法就是根据无意识的动机作用分析人的内心深处的心理活动的一种方法，即提供一些未经组织的外部刺激物，让受测者在不受限制的条件下随意表达他的要求、动机、态度和价值观等内在因素，这些内在因素是经过上述刺激物而透射出来的反应，并且是不受限制的反应。

通常有词汇联想法、造句法、洛夏墨渍和主题统觉测验、示意图法、角色扮演法等方法，下面对洛夏墨渍和主题统觉测验及角色扮演法进行详细的说明。

洛夏墨渍测验是给被测者 10 张墨渍图。这些图是将墨水涂在纸上，再将纸对折，让墨水散开后形成浓淡不一、对称的图案，如图 1-4 所示。让被测者说出他从图中看到了什么。有的人可能回答说像个蝙蝠，有的可能说像个蝴蝶，有的可能说像个山羊。通过分析这些答案可以分析受测者的心理状态。主题统觉测验是 10 张模糊、意思不清的图画，画上有活动着的人物。如图 1-5 所示，如果问受测者你觉得图中发生了什么，那个在椅子上的人在想什么呢？有的可能回答他考试没考好，正郁闷呢；有的可能回答是不是他失恋了，正伤心呢；有的可能回答他正在想回家看妈妈呢等。其实在这些回答中就可以看到受测者当时的心情和他所关注的事情是什么。

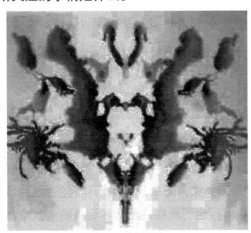

图1-4　洛夏墨渍

图1-5　测试图

从图中内容上看，图形本身并没有什么特定的意义，而受测者将这些无意义的图讲出意义来，往往是把自己特有的性格结构强加到图上，根据这些受测者自己对图中意义的理解我们可以推断他的心里活动。这主要是依据人们往往把自己的情绪投射到客体上去的理论。这和我们在日常生活里，心情高兴的时候，看天天也蓝，看水水也绿的感觉是一样的。

1.5.5　实验法

设计心理学的实验法是指研究者有目的的，在严格控制的环境中，或创造一定条件的环景，通过操纵某一变量，以引起另一变量的产生和变化，诱发设计师或者消费者产生某种心理现象，从而进行研究的方法。实验法的核心问题是变量，变量是实验情景所表现出来的各种特性，即用实验法进行研究时，在性质、数量上可以变化操纵的条件，它的变化因人、因物、因时、因地而有所不同。在应用实验法进行设计心理学研究时，有的变量需要加以改变，如产品设计的颜色引起的消费者和设计师心理变化实验；有的变量需要尽量保持稳定，如某一广告设计引起的消费者和设计师心理变化实验；有的变量需要仔细观察、记录和测量，如消费者和设计师对设计反应强度、反应速度、反应频率的实验。

设计心理学的实验法分为理论实验法和实践实验法，理论实验法是在实验室内借助专门的实验设备进行的实验。例如，可以把多种产品设计或同一设计产品的多种设计形式制作成模型，进行的消费者或者设计师注意的广度、短时记忆的容量等实验。

实践实验法是在日常生活中进行的实验，虽然也会人为地对实验条件进行控制，但它是人们在对设计或者产品进行的实际应用中进行的。例如，设计产品投放市场后，引起不同层次消费者的反应、对其他设计师的影响和对设计者本人的信息反馈等都是在实践中进行的实验而获得的结果。

在设计心理学研究中，最常用的实验法是定量实验法和定性实验法。所谓定量实验，是为了深入了解事物和现象的性质，揭露各因素之间的数量关系，确定某些因素的数值而进行的实验。例如，开发设计的电冰箱新产品，在哪些方面更好地满足了消费者的需求？产品的哪些新功能激发了消费者的购买动机？消费者使用后对产品的综合满意度如何？这些都需要进行定量实验，否则是无法成为顾客乐意接受的商品的。定性实验是指探讨研究对象的质的规定性的方法，用以判定某种因素是否存在、某些因素之间有无联系、某个因素是否起作用等。例如，开发设计新产品，消费者有没有消费需求，有没有购买动机，具备不具备购买能力等都需要进行定性实验。

应用实验法对设计心理学进行研究，实验时的变量主要有三类：第一类是自变量，即刺激变量，它是研究者按照计划改变的变量，也就是实验情景。刺激的性质、种类不同，刺激的强度、数量、频率、持续性等也会有所不同，如研究者要研究设计师或者消费者对设计颜色的反应，颜色的变化就是一个自变量。第二类是因变量，即由于刺激而引起的反应，往往以实验结果的形式出现，也叫反应变量，这是研究者预定要观察、测量和记录的对象或目标，一般指要测量的反应时间、反应次数、反映速度等。如广告心理测定实验中，消费者或设计师对广告的驻足时间、关注人数、综合评价、情感趋向等都属于因变量。第三类是无关变量，即与实验无关而又伴随着实验出现的变量。因此，设计心理学实验的任务包括三个方面：一是正确操纵自变量；二是科学控制无关变量；三是合理导出因变量。

复习思考题

1. 设计心理学的研究对象是什么?

2. 问卷调查法中的题目有什么要求?

3. 你认为心理学是怎么应用到工业设计中的?

第2章
消费者心理与设计

本章重点

◆ 消费需要的概念及相关理论。

◆ 消费动机的概念及动机特性、类型等。

◆ 消费者决策概念、理论及分析。

◆ 市场细分的概念及不同性别及年龄的消费心理特点。

学习目的

通过本章的学习，在掌握消费需要、动机、决策、市场细分等概念的基础上，能够运用相关理论对市场的购买行为及产品进行分析。

研究消费者心理及消费者行为是为产品设计服务的，好的产品必然是被市场认可、受消费者欢迎的产品。想要得到消费者的认可，必然要满足消费者的需要，促使消费者发出购买行为。要想受到市场的认可，则不仅要对个体消费者的需要熟悉了解，还要对整体市场的需求趋势及主流产品熟悉了解，才能在调查分析基础上开发出使消费者满意，在市场上畅销的产品。

2.1　消费需要与设计

　　人既有生物的个体属性，又具有社会属性。人在社会中为了个人的生存和发展，必定需要一定的事物，如食物、衣服、交通工具等。这些必需的事物反映在个人的头脑中就成为需要。需要总是反映个体对内部环境或外部生活条件的某种需求，它通常以意向、愿望、动机、兴趣等形式表现出来。

2.1.1　需要的概念

　　需要是个体由于缺乏某种生理或心理因素而产生内心紧张，从而形成与周围环境之间的某种不平衡状态。其实质是个体为延续和发展生命，并以一定方式适应环境所必需的客观事物的需求反映。人在社会上产生消费行为，消费行为的产生是需要经过一系列的中间过程而形成的最终结果。那是因为人是在有了某种需要以后，才为自己提出活动目的，考虑行为方法，去获得所需要的东西，从而得到某种程度上的满足。从这个意义上说，需要是个性积极活动的源泉，是人的思想和行为活动的基本动力。我们要研究消费者的行为，研究消费者对产品是否购买，就必须先研究人们的需要是什么，什么时候人们会由需要转化为活动，什么因素可以控制并来促进消费者行为的产生。

　　一般情况下，我们可以意识到自己的需要，但有时消费者并未感到生理或心理体验的缺乏，但仍有可能产生对某种商品的需要。例如，面对美味诱人的佳肴，人们可能产生食欲，尽管当时并不感到饥饿；而华贵高雅、款式新颖的服装，也经常引起一些女性消费者的购买冲动，即便她们已经拥有多套同类服装。这些能够引起消费者需要的外部刺激（或情境）称为消费诱因。消费诱因按其性质可以分为两类：凡是消费者趋向或接受某种刺激而获得满足的，称为正诱因；凡是消费者逃避某种刺激而获得满足的，称为负诱因。心理学研究表明，诱因对产生需要的刺激作用是有限度的，诱因的强度过大或过小都会导致个体的不满或不适，从而抑制需要的产生。例如，如果处在一个接连不断的广播广告或电视广告宣传的环境之中，消费者就可能产生厌恶和抗拒心理，拒绝接受这些广告。需要产生的这一特性，使消费者需要的形成原因更加复杂化，同时也为人为地诱发消费需要提供了可能性，即通过提供特定诱因，刺激或促进消费者某种需要的产生。这也正是现代市场营销活动所倡导的引导消费、创造消费的理论依据。

　　消费需要作为消费者与所需消费对象之间的不均衡状态，其产生取决于消费者自身的主观状况和所处消费环境两方面因素。而不同消费者在年龄、性别、民族传统、宗教信仰、生活方式、文化水平、经济条件、个性特征和所处地域的社会环境等方面的主客观条件千差万别，由此形成多种多样的消费需要。每个消费者都按照自身的需要选择、购买和评价商品。就同一消费者而言，消费需要也是多元的。每个消费者不仅有生理的、物质方面的需要，还有心理的、精神方面的需要；不仅要满足衣、食、住、行方面的基本要求，而且也希望得到娱乐、审美、运动健身、文化修养、社会交往等高层次需要的满足。

倘若以生存资料、享受资料、发展资料来划分消费对象，那么在人类社会消费需要的发展历程中，就可以发现某些带有普遍性和规律性的趋势。在现代，生存资料的需要从以吃为主的"吃、穿、用"的顺序转变为以用为主的"用、穿、吃"的结构；享受和发展资料的需要，将从以物质性消费为主，转变为以服务性消费为主。

消费需要作为消费者个体与客观环境之间不平衡状态的反映，其形成、发展和变化直接受所处环境状况的影响和制约，客观环境包括社会环境和自然环境，它们处在变动、发展之中，所以，消费需要也会因环境的变化而发生改变。

2.1.2　马斯洛需要层次论

美国社会心理学家马斯洛（Abraham Harold Maslow，1908—1970）认为人类价值体系存在两类不同的需要，一类是沿生物谱系上升方向逐渐变弱的本能或冲动，称为低级需要和生理需要；一类是随生物进化而逐渐显现的潜能或需要，称为高级需要。人的需要虽然多种多样，但按照层次组织起来可以分成五种，分别是生理需要、安全需要、社会需要、尊重需要和自我实现需要，如图 2–1 所示。

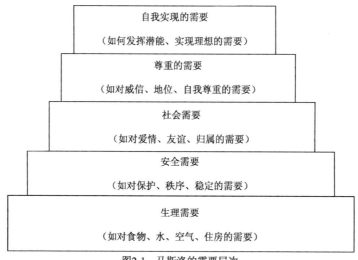

图2-1　马斯洛的需要层次

第一层是生理需要，人类维持自身生存的最基本要求，包括饥、渴、衣、住、性的方面的要求。第二层是安全需要，它是推动人们行动的最强大的动力。安全需要是人类要求保障自身安全、摆脱事业和丧失财产威胁、避免职业病的侵袭、接触严酷的监督等方面的需要。第三层是社会需要，这一层次的需要主要包括友爱和归属两个方面的内容。人人都希望得到爱，也希望爱别人。并且人都希望归属于一个群体相互关心和照顾。第四层是尊重的需要；人人都希望自己有稳定的社会地位，要求个人的能力和成就得到社会的承认。尊重需要得到满足，能使人对自己充满信心，对社会满腔热情，体验到自己活着的用处和价值。第五层是自我实现的需要；这是最高层次的需要，它是在努力实现自己的潜力，使自己越来越成为自己所期望的人物，完成与自己的能力相称的一切事情的需要。

一般来说，某一层次的需要相对满足了，就会向高一层次发展，追求更高一层次的需要就成为驱使行为的动力。同一时期，一个人可能有几种需要，但每一时期总有一种需要占支配地位，对行为起决定作用。任何一种需要都不会因为更高层次需要的发展而消失。各层次的需要相互依赖和重叠。

马斯洛的需要层次理论被人们所认知并大量使用在公司管理过程中。对于产品整体市场来说，马斯洛的需要论可以让我们在人们各种各样的具体需要之中找到一个清晰的脉络。这对于结合产品的市场细分来确定产品的市场定位提供了一个有效的理论依据。例如，手机市场的细分，消费者可能有不同侧重的需要：有的追求新技术，有的追求娱乐性，如图2-2所示。有的追求可靠性，有的追求经济性，还有的为了展显自己的身份，如图2-3所示。对不同层次需要的消费者进行具体的分析，得到产品的消费群体的特征并设计与其需要层次相符合的产品。

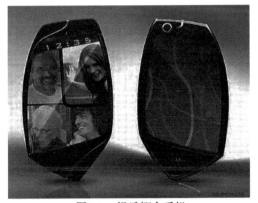

图2-2　娱乐概念手机

图2-3　商务手机

2.1.3　消费者需要的内容

如果从需要的产品的对象属性来区分，则分为以下需要。

1. 对产品使用功能的需要

产品都有其使用功能，使用功能也是一类产品区别与另一类产品的基本属性。在日常生活中，人们选购产品，最基本的出发点就是消费产品的使用功能。比如，如果天气太热，就需要降温，而能使温度下降的产品可以是空调或风扇，这时候去购买这些产品，就是以产品的功能的需要为出发点的。当然在选择产品时，要兼顾产品的美观性、安全性、质量、规格、使用方便等。

出于某种产品功能的需要，人们确定选择某类产品后，在市场上面临的是许多品牌的产品。在选购这些产品时，一般情况下，功能比较多的产品会吸引消费者的注意。这就使得产品生产厂家及设计师都很注重对产品新功能的开发。比如，最早的电视机在操作时是直接控制面板的，后来设计师增设了遥控的功能。最早的手机只有打电话功能，而后来增加发短信功能、听歌功能等，而现在的3G手机上网发邮件也不成问题了。从满足消费者的使用功能出发，依据新的技术发展，开发出产品越来越多的新功能，是产品更新的一个重要途径。

2. 对产品审美的需要

对美的追求是人的天性，从古到今，人们对美的追求的步伐从未停止过。消费者对产品的审美需求随着社会的发展也越来越高。当今市场的产品也早以不像从前，仅仅实用就好了。

产品对美的追求已由最初的大方实用到新颖别致再到个性有趣，产品设计也由最初的功能设计到美观设计到情感设计。

人们对产品审美因素的认可，与个体的价值观念、生活背景、文化程度、职业特点、个性心理等有关。俗话说"萝卜白菜，各有所爱"，人们的审美观念也各不相同。但同一阶层，同一生活环境下的群体审美观念通常有很大的相似性，并相对稳定。在消费需求中，人们对消费对象审美的要求主要表现在产品的工艺设计、造型、式样、色彩、风格等方面。比如，白领阶层对家用电器的审美需求可能就是造型简洁时尚、色彩淡雅。

3. 对产品时代性的需要

我们常说，每个人身上都有时代的烙印。产品处于一定的历史时期也会体现其所在时代的特性。它是所处年代的消费观念、消费水平、消费方式及消费结构的总和。人们追求消费的时代性就是不断感受到社会环境的变化，从而调整其消费观念和行为，以适应时代变化的过程。在产品上表现时代性，就是表现时代的主流设计发展趋势，也就是时尚的趋势。时尚在每一个不同的时代都由其特定的元素来表现。设计师要满足消费者对时代感的需求，就要对时代的变化能够敏锐观察到，并能用一定的符号元素或设计元素表述出来。

4. 对产品社会象征性的需要

产品的象征性是指产品具有社会的属性，也就是人们赋予产品一定的社会意义，使得购买、拥有某种产品的消费者得到心理上的满足。在人的基本需要得到满足以后，大多数人都有提高自己社会威望和社会身份的需求。这就使得他们去选择一些能够代表他们身份和地位的一些产品，比如，名牌手表、豪华汽车等。对于能满足人们社会象征性需要的产品来说，其产品的实用性要求并不被消费者重视，人们重视的是这件产品是否具有一定的身份地位或经济地位的某种象征。所以说，产品的本身是不具有社会属性的，是社会化了的人赋予了其特定的含义。对于设计者来说，针对这一类消费者，设计要突出产品高端性、尊贵性来满足其需求。

5. 对产品情感功能的需要

人们对产品情感功能的需求，是指消费者要求产品蕴涵深厚的感情色彩，能够外现个人的情绪状态，成为人际交往中感情沟通的媒介，并通过购买和使用产品获得情感上的补偿、寄托。消费者作为有着丰富情感体验的个体，在从事消费活动的同时，会将喜、怒、哀、乐等情绪反映到消费对象上，即要求所购买的产品与自身的情绪体验互相吻合、互相相应，以求得情感的平衡。如在欢乐愉悦的心境下，往往喜爱明快热烈的产品色彩。另外，设计师在设计产品时，往往设计一些能让人产生愉悦情感或有情趣的产品，这些产品也满足了消费者对产品功能的需求。如图2-4所示，这款小的产品让人看了觉得很有趣味，心情也会变得好起来。

6. 对产品个性化的需要

追求个性、彰显自己的与众不同，这是当今年轻人普遍的观念。这就使得对产品个性化的要求越来越高了。个性化的需求就是消费者要求产品有创意、不古板、风格多样、有时尚感、有幽默感等。能够满足消费者作为个体，不同于其他个体的特性。一般创新性的产品都能满足这类年青人的需求。如图2-5所示，这款手表式的手机，设计独特，不同凡响，很有个性。

图2-4 趣味性产品

图2-5 个性化产品

2.1.4 产品设计与消费者需求分析

研究消费者心理需要的目的是为了开发产品时从市场的角度为产品进行市场定位。对消费者的需要把握准确、产品市场定位适合，就会开发出被市场接受的产品。在进行产品的开发时，第一步就是通过一定的调查方法来确定消费者需要什么样的产品。也就是进行产品的消费者需求分析。这里所指的消费者不是个体的消费者，而是在进行市场细分下的消费者群体，也就是在一定范围内调查人们对产品的哪些因素感兴趣。

下面的资料来自中车网，它以新宝来为核心产品，并与其他竞品A级车型，以及一些边缘化的衍生产品进行对比分析，得到A级车目标用户5点主要产品需求：

> 1.A级车用户因"自己上下班代步"、"因为休闲需要车"等家用原因买车。
>
> 2. 在最初选择购车时,对质量(53.7%)、安全性(51.6%)、舒适性(39.6%)、外观(33.8%)因素,有可不妥协的原始需求,说明这些因素会促使用户改变购买决策。
>
> 3. 核心竞品用户购买的关注因素细项主要是"故障率"(24.1%)、"整体造型"(22.2%)、"先进安全技术、装备"(20.8%)。
>
> 4. 核心竞品形容车辆是"有品质的"、"现代的"、"家庭的",参考竞品形容车辆是"有品质的",衍生车型竞品形容车辆是"休闲的"。
>
> 5. 大多数用户（超过60%）认为车辆只是"一个纯粹意义上的代步工具",说明用户对汽车的功能要求大于其他心理诉求。

通过以上调查可以得出有关用户需要的结论：A级车用户购车的主要原因是"上下班代步"、"休闲需要车"等家用因素。在最初考虑购车时，人们对安全性、质量、舒适性、外观有特别明确、清晰、近乎确定的要求。

产品设计的第一个步骤是进行市场调查分析。包括市场分析、趋势分析、用户研究和设计策略。市场分析是对产品在市场上整体情况的说明。趋势分析是通过对市场上主流产品的特点总结出哪些设计要素是市场所认可并可以发展的。用户研究就是对消费群体的消费心理的分析。最后通过以上这些内容对产品进行设计定位，也就是设计策略的内容。下面是一款手机的消费者群体分类及消费特点的总结，如表2-1所示。

表2-1 手机的消费者群体分类及消费特点分析

手机消费群体的划分	各群体的消费特点
第一类群体：高端时尚群体	他们喜欢最新的事物，走在潮流的前沿。他们有能力买昂贵的东西，用精致高端的物品，喜欢可以突出他们个性的产品
第二类群体：时尚群体	喜欢追赶潮流的年龄20岁左右人群。他们比第一类人群的档次要低一些，需要用物品来体现独特的个性，产品价格不是很昂贵
第三类群体：商务群体	属于使用手机的高端用户，通常是在写字楼工作的白领。在这类手机设计中，已经不仅仅突出手机设计中的男性化元素，也会加入一些女性元素，因为此人群中女性也占据了相当大的比重
第四类群体：时尚适用群体	与前一类消费水平有些差距，在手机设计中，融入时尚元素的同时充分考虑到成本的问题，属于经济型的时尚手机消费群体
第五类群体：娱乐休闲群体	这一类群体对最新技术类产品有着浓厚的兴趣，他们可归类为多媒体群体。配合他们的需求，产品可内置一些容易使用的功能
第六类群体：基本消费群体	即"基本消费群体"，这一类消费群体的手机定位是给他们提供一些比较好的产品，但是价格不会很高

这款手机的最后定位是中端设计、整体设计趋于简洁。外观风格确定为：外观刚硬，趋向理性设计。最后设计的手机如图2-6所示。

图2-6 中端手机

2.2　消费动机与设计

人们在生活中有各种各样的需要，一旦个体意识到这种需要后，整个身体能量就会被动员起来，有选择地指向可满足需要的外界对象，于是就产生了动机。

2.2.1　消费者动机

动机可定义为推动有机体寻求满足需要目标的内动力。这个动力有方向性，指向可以满足其某种缺乏的外界的产品。动机本身是含有能量的，这种能量的来源就是自身的紧张状态。这种能量可以推动个体，维持个体进行购买行为。

比如，有人看到同事新添了一台液晶电视机。于是其潜在的需要被激发起来，也就是通过同事的电视机刺激了个体的意识，使他意识到了自己的缺乏，这种缺乏迫使他广泛收集信息，对新的电视机进行了解，或者听同事、销售人员的介绍，在这其中会有某品牌的电视机由于某种功能或者某种特点使他感到满意，于是产生购买此产品的动机并最终购买行为产生。从这个例子可以看出，个体的需要是从刺激开始的，这个刺激可能来自内部也可能来自外部。收集信息，了解产品的过程是一个学习、体验和认知的过程。经过这样的一个过程最终会指向一个满足需求的最终目标，也就形成了一种推动个体获得满足需要目标的动机，继而产生指向目标的行为。在行为发生后，人的需要得到满足，紧张消除。如果有新的需要被激发，就进入另外一个流程。

动机虽然是在需要的基础上产生的，但并非所有的需要都能成为动机。这是因为，需要必须达到一定强度并有相应的诱因条件才能成为动机。引起消费者消费动机的两个条件是：内在条件和外在条件。内在条件就是消费需要，消费动机是在消费需要的基础上产生的，离开消费需要的动机是不存在的。而且只有消费需要的愿望很强烈、满足消费需要的对象存在时，才能引起动机。外在条件就是能够引起个体消费动机并满足个体消费需要的外在刺激（诱因）。例如，饥饿的人，食物是诱因；寒冷的人，衣服是诱因；无住房的人，房子是诱因。诱因可能是物质的，也可能是精神的。在个体强烈需要、又有诱因的条件下，就能引起个体强烈的消费动机，并且决定他的消费行为。

2.2.2　消费动机的特性

消费动机作为一种消费者购买行为和消费活动的原动力，其强度和能量的大小取决于两个重要的因素：一是需要驱动，即消费者个体生理或者社会需求的空缺程度；二是目标诱因，即消费对象对消费者的诱惑力大小。消费动机所体现的原动力就是需要驱动和目标诱因合力，这种合力对消费者的购买行为和消费活动具有三个方面的功能：一是引发和始动性功能，没有消费动机，就不可能有消费者的行动，例如，为了使居住条件得以改善，就会产生购买住房的行动；二是方向和目标性功能，人的行动总是有一定的方向和目的的，他的消费也总是按照这样的方向和目标去实现的。例如，在现实生活中拥有汽车和豪宅是很多人向往的方向和目标，为了实现这个方向和目标，很多人在努力；三是强化和激励性功能，消费动机对其消费行动还起着维持、强化和激励的作用，一般来说，动机越明显、越强烈，这种强化和激励性功能也就越大。人的动机的性质是各种各样的，不同性质的动机，对人具有不同的意义，具有强度不同的推动力量。行动的方式、行动的坚持性和行动效果，在很大程度上受动机性质的制约，动机主要有六个方面的特性。

1. 消费动机的目的性

消费者头脑中一旦形成了具体的动机，即有了购买行为和消费活动的目的。消费动机和目的有时是一致的，对某种商品的消费，就其对人的推动作用来说，是消费动机；就其作为消费所要达到的预期结果而言，又可以是目的。在人的简单消费行动中，消费动机和目的常常表现出直接的相符。如饿了要吃饭，冷了要穿衣等，吃饭穿衣既是消费动机，又是活动目的。在许多情形下，特别是在比较复杂的消费活动中，消费动机和目的也表现出区别，作为活动目的的东西并不同时是活动的动机，行动目的是消费所要达到的结果，而消费动机则反映着人为什么要去达到这一结果的主观原因，正因为消费动机和目的之间存在着这种差别，所以人的同一种行动，尽管其目的是一样的，却因其不同动机而具有不同的心理内容，也因其不同动机而获得不同的社会评价。

2. 消费动机的指向性

人从事任何活动，总是由于他有从事这一活动的愿望。愿望是人对他的需要的一种体现形式，它总是指向未来的能够满足人的需要的某种事物或行动。它既表现为想要追求某一事物或开始某一活动的意念，也表现为想要避开某一事物或停止某一活动的意念。愿望总是指向一定的对象，即指向引起这种愿望并满足这种愿望的事物。当愿望所指向的对象激起人的活动时，反映这种对象的形象或观念就构成活动的动机。因此，凡是引起人去从事某种活动、指引活动去满足一定需要的愿望或意念，就是这种活动的动机。消费活动更是如此，消费者对即将实施的购买行为有明确的、具体的要求就是消费动机的指向性。

3. 消费动机的主动性

无论消费动机来源于消费者本人还是来源于外部因素，消费动机一旦产生，消费者便会积极主动地搜集各种商品信息并选择购买方式。从性质上说，消费动机是由激情或思虑所引起的，单纯由激情引起的消费动机所推动的消费行动，是冲动的行动，消费者在进行这种行动时，一般对行动目的和后果缺乏清醒的认识，虽然也具有主动性，但缺乏理智的控制，往往不能持久。由思虑引起的消费动机所推动的购买行为，是意志的行动，对自己的消费目标和行动有着清晰的认识，并且为达到目的而积极主动的努力，这种主观能动性才是消费动机具有主动性的真实体现。

4. 消费动机的动力性

在消费动机的支配下，消费者会克服购买过程中出现的困难，追求自己所希望的体验，满足不同形式的需要。消费动机的动力性主要体现在不同的消费动机对消费者的意志行动过程有不同的作用和意义。比如，某些消费动机强烈而稳定，另一些消费动机则微弱而不稳定，消费者最强烈、最稳定的消费动机，成为他的主导动机。这种主导动机相对具有更大的激励作用，在其他因素相等的条件下，消费者采取与他的主导动机相符合的购买行为时，通常比较容易实现。设计心理学的任务不在于研究这些消费动机的内容本身，而在于探讨不同消费动机对人的购买行为的作用及对设计活动的影响。

5. 消费动机的多样性

人的动机分为生理性动机和社会性动机两种。生理性动机主要指人作为生物性个体，由于生理的需要而产生的动机。社会性动机是指人在一定的社会、文化背景中成长和生活，通过各种各样的体验，懂得各种各样的需要。例如，交往性动机、威信性动机、地位性动机等。动机也可分为优势动机和辅助动机。一个行动是由种种不同的动机引起的，其中起最大作用的叫优势动机，其余的叫辅助动机。研究表明，不同的活动动机之下，社会性最丰富的消费动机能表现出最大的力量，社会性动机所产生的力量甚至会超过和压制人的生物学本能。

6. 消费动机的组合性

消费者实施某种购买行为，可能出于多种消费动机，每种消费动机对购买行为所起的作用是不尽相同的，这种现象称为消费动机的组合性。例如，购买"海尔"电器的消费者可能有以下几种动机：一是相信这种品牌的社会影响力；二是相信"海尔"电器具有良好的品质；三是因为"海尔"电器的维修和服务理念；四是邻居、同事、朋友购买了"海尔"电器非常满意。在这几种组合的消费动机中第四种动机的作用最大、最直接。消费动机的组合性存在于各种商品的消费中，分析消费动机组合和每一种动机对购买行为的不同作用，对于产品设计具有十分重要的意义。

2.2.3 消费动机的类型

动机是促使消费者发生购买行为的一个最基础、最重要的因素。与人的消费需求相对应，消费动机可分为自然性消费动机和社会性消费动机，或称"物质性"动机和"精神性"动机。按照不同动机的地位和所起的作用不同，消费动机又可以为"主导性"动机和"从属性"动机。无论消费动机如何划分，有些消费动机是消费者实施购买行为时最基本的、并且是普遍存在的原因和动力，称为基本消费动机；有些消费动机是消费者实施消费行为最主要、最直接的原因和动力，称为主导消费动机。

1. 基本消费动机

在消费者实际的购买过程中，同一个购买行为可能会出于多种不同的消费动机。一般来讲，个体购买产品的动机可以综合成如下8种。一是解决问题，消费者体验到了现存的问题，而去寻找解决该问题的产品。如天气很热，要购买空调。二是防备问题，预见到将来会有问题产生，去寻找适当的产品以防止问题的产生。比如，购买车辆的保险。三是不完全满足，感到对现有的产品不够满足，而去寻找更好的产品。比如，把低配置的电脑升级为高配置的电脑。四是动机冲突，对现有产品部分喜欢，部分不喜欢，而试图去寻找更理想的产品，以解决内心的冲突。例如，更换不能上网的手机为 3G 手机。五是正常消耗，物品用尽，家中无存货需要维持产品的正常供应。比如，购买日用化妆品。六是满足感觉。谋求额外的生理刺激，享受产品。比如，购买家庭影院设备。七是促进智力，谋求额外的心理刺激，探讨或掌握新产品。比如,给孩子购买英语学习机。八是社会认可,寻求获得社会赞许和奖励的机会,购买符合潮流的产品。比如，购买苹果手机、购买小汽车。消费者购买一件产品，动机可能不止一个，有可能是多个动机的结合。这种结合有时是并列的，有时是有主有辅的。

2. 主导消费动机

主导动机在购买行为中起着直接的推动作用，由于主导动机不如基本动机那样普遍，需要依据商品类型和商品特性才能分析这些主导动机。表 2-2 列出的是四大类商品消费中出现的主导动机，主要列出了每种类消费者所拥有的三种主导动机。

表2-2　四大类商品消费的主导（组合）动机

商品类型	主导动机	说　明
食品消费	实用型：新鲜、营养、健美、美味； 方便型：烹饪、食用 癖好型：喜欢	生活水平的提高与生活节奏的加快，对食品消费动机影响最大
服装消费	美感型：颜色、设计、做工、流行 求新型：样式、材料、质地、个性 求名型：身份、地位	服装价格、品种和设计，对服装消费动机的影响最大
电器消费	实用型：用途、操作、品质 美感型：外观、造型 求利型：价格	电器的价格、功能和设计，对电器消费动机的影响最大
用品消费	实用型：用途、效果、品质 求美型：外观、包装、造型 求利型：价格	用品的效能、用途和设计，以及价格对用品消费的影响最大

在各种消费动机的组合中，一种消费动机可以直接促成一种购买行为，一种消费动机也可能促成多种购买行为；有时多种消费动机可以促成一种购买行为，多种消费动机也可能促成多种购买行为。当然,有时由于多种因素的制约和影响,消费动机也可能不会促成购买行为。

2.2.4　消费动机的阻力

在消费行为向购买行为转化的过程中，任何影响、干扰、阻碍和限制消费动机向前发展的因素都称为消费阻力。消费阻力分为内部消费阻力和外部消费阻力，内部消费阻力主要包括消费信息、风险知觉意识、动机压抑、回避和演变、个性、生理、互动和能力因素等；外部消费阻力主要包括购买环节、商品品质、商品价格、营业环境、互动因素等。对于设计人员来讲，研究消费阻力比掌握消费动力更为重要，在具体的设计活动中，要了解消费阻力的主要来源，即消费动机的冲突、消费动机的压抑和消费动机的回避。

1. 消费动机的冲突

当消费者同时出现两种或两种以上的消费动机，而不能全部得到实现，或者同一种消费动机可能带来不同的消费结果时，就会出现消费动机的冲突。在现实生活中，人们的消费动机是复杂多样的，购买行为受到多种条件的影响和限制，消费者的消费动机出现冲突是不可避免的，也是消费过程中的一种正常现象。事实证明，消费者的任何购买行为，总是希望从消费行为中享受商品的价值，满足某种消费需要，但是消费活动也可能给消费者带来一些不利影响和不良后果。

2. 消费动机的压抑

消费者的消费行为受多种因素的影响和制约，并不是每一种能够产生积极效果的消费动机都能够产生购买行为，如果能够带来积极效果的消费动机不能得到满足，消费者本人就要控制自己的消费动机，即消费动机的压抑。消费动机的压抑是一种普遍现象，有消费动机的冲突必然就有消费动机的压抑，著名心理学家弗洛伊德、勒温、马斯洛等都曾经研究过动机的压抑问题。消费动机压抑的原因，一方面在于消费者的购买能力；另一方面在于消费者对消费活动积极效果的认知程度。就个体消费者而言，消费动机的压抑可以变成一种强大的生活动力和工作动力，推动消费者积极的工作，努力地为满足各种消费动机积蓄力量、创造条件。当然，消费动机的压抑也要有一定的范围和限度，过分压抑消费动机，容易使人对生活丧失信心，缺乏工作的动力，甚至会使人心灰意冷，导致各种违法和犯罪行为。马斯洛在《人格与动机》一书中曾经谈到"如果人们最基本的需要得不到满足的话，会导致严重的心理疾病。"消费动机的压抑是消费者实施购买行为的第二大阻力。

3. 消费动机的回避

消费者主动约束自己的需要和动机，拒绝、回避、不购买或不消费特定商品与服务的现象称为消费回避。与消费动机的压抑不同，消费动机的回避是一种自觉的心理行为方式，表现为自觉的降低消费水平和消费动机的强度。产生消费动机回避的原因很多，如商品本身的特点、消费者的消费观、消费经验、消费偏见、消费习惯、宗教信仰等，其中最主要的原因就是消费者的消费观。与消费动机的冲突和压抑不同，消费动机的回避主要源于消费者内在的因素。

2.3 消费者决策与消费购买行为

消费者购买行为是消费者进行消费者决策、实施购买行为和进行消费体验的心理过程。消费决策是购买行为的前奏，是消费体验的基础。消费者决策在整个消费者购买行为中起着重要的作用，也是设计师在产品设计中关注的重点。

2.3.1 消费者决策的概念

消费者由于需要和动机的推动，做出最终购买决定的心理过程称为消费者决策。通常消费者在进行某一购买行为时会根据一些因素进行预先判断。这些基本因素包括的内容比较多。比如，自己的预算范围、所购商品的品牌、品质、性能，等等。不同消费者在不同产品的消费过程中，对以上因素的决策顺序、需要的时间是不同的。这是由消费者需要的迫切程度、消费动机的强度、消费者的性格特点、支付能力、准备状态等所决定的。消费者在决策过程中主要考虑四个方面的问题，即是否真正需要该产品；产品质量是否有保证；该产品是否真正物有所值；消费后会有怎样的后果。这些问题或疑问，都会在不同程度上影响消费者的决策。

2.3.2 消费者决策理论

一个完整的消费心理与行为过程包括从唤起消费需求、消费动机到消费态度形成与改变直至购买行为是要经过一个由心理到行为的转换过程。对消费者决策的理论研究起源于美国，后来传入了我国，现在已经成为近几年经济学界研究的一个热点问题。比较经典的理论主要有消费者卷入理论、认知决策理论和决策规则理论等。

1. 消费者卷入理论

"消费者卷入"理论是 20 世纪 60 年代美国消费者心理学、行为学专家提出的一个重要的消费者决策理论。是关于消费者主观上感受客观商品、商品消费过程及商品消费环境等程度的一个理论。其主要内容是划分了高卷入消费者及低卷入消费者。消费者主观上对于购买因素的感受程度越深，表示对该商品的消费卷入程度越高，此类消费者就是"高卷入消费者"，该商品称为"高卷入商品"。反之则称为"低卷入消费者"或"低卷入商品"。

例如，消费者要购买一台电视机与购买一箱矿泉水的决策。前者需要消费者对商品的品质、功能、价格、消费环境等方面进行很高程度的关注，相对而言购买决策过程比较复杂，属于高卷入商品；而消费者对后者一般不需要花费太长的时间与精力，去了解商品功能与构成、消费环境一类的问题，决策过程相对比较简单，属于低卷入商品。由此可以看出，消费者卷入理论与商品属性有关，如表 2–3 所示为消费者卷入与商品属性对照表。

表2-3 消费者卷入类型表

消费者卷入	理智型商品	情感型商品	作　　用
低卷入商品	日常生活用品，如食品饮料；日用品，如清洁用品、小家电等	化妆品、小型礼品、书籍等	卷入程度低，消费决策相对简单
高卷入商品	汽车、房子、大家电、电脑等	珠宝、首饰、工艺品、高级礼品	卷入程度高，消费决策相对复杂

消费者卷入不仅与商品的属性有关，还与消费者的兴趣息息相关。消费者的卷入是购买决策中的心理活动，影响到消费者对于商品信息的搜集、对于商品性能的认识，并且最终影响到消费者对于该商品的态度。因此研究消费者的卷入现象，可以从侧面反映消费者对于商品的认知及态度。这一原理也可以反过来解释，即从消费者的态度及认知程度，可以反映出消费者对商品的卷入状态。喜欢养花养鸟的消费者，可能需要定期或不定期地购买各种花鸟，如各种名贵的盆景、名贵的花鸟等；购买养花养鸟所需要的基本条件，如花盆、鸟笼、肥料、食品等；为了科学地进行喂养，还需要经常购买一些相关的书籍与杂志，经常从电视中了解有关的知识。因此这类消费者的高卷入商品包括花鸟品种、食品肥料等，为了获得更多的饲

养信息，高卷入媒体有饲养书籍与杂志、电视节目等。相对而言，对其他商品如化妆品、电器等商品及相关信息的卷入程度要低一些。如表 2-4 所示为消费者卷入影响因素表。消费者卷入影响消费决策，一般而言，消费者卷入程度越高，消费决策越难，但由于对商品的情感加深，容易形成对商品的品牌依恋；消费者卷入的程度越低，消费决策越容易，但由于对商品无情感可言，往往不能形成品牌依恋。

表2-4 消费者卷入影响因素表

卷入类型	说　　明	特　　性
商品因素卷入	由于对商品品牌、性能的感知	理智型消费
营销环境卷入	由于促销活动、广告宣传、服务态度、销售环境的影响，产生的对商品感知	情感型消费
人际交往卷入	由于与他人的交流和沟通产生的对商品的感知	情感型消费
生活环境卷入	由于家庭生活、社会活动等产生的对商品的感知	理智型消费
消费者兴趣卷入	由于消费者爱好、特长等产生的对商品的感知	情感型消费

2. 决策原则理论

消费者的购买决策可以归结为如下四个基本的原则：

一是最大满意原则。就一般意义而言，消费者总是力求通过决策方案的选择、实施，取得最大效用，使某方面需要得到最大限度的满足。按照这一指导思想进行决策，即为最大满意原则。遵照最大满意原则，消费者将不惜代价追求决策方案和效果的尽善尽美，直至达到目标。最大满意原则只是一种理想化原则，现实中，人们往往以其他原则补充或代替它。

二是相对满意原则。该原则认为，现代社会消费者面对多种多样的商品和瞬息万变的市场信息，不可能花费大量时间、金钱和精力去搜集制定最佳决策所需的全部信息，即使有可能，与所付代价相比也绝无必要。因此，在制定购买决策时，消费者只需做出相对合理的选择，达到相对满意即可，贯彻相对满意原则的关键是以较小的代价取得较大的效用。

三是遗憾最小原则。若以最大或相对满意作为正向决策原则，遗憾最小则立足于逆向决策。由于任何决策方案的后果都不可能达到绝对满意，都存在不同程度的遗憾，因此，有人主张以可能产生的遗憾最小作为决策的基本原则。运用此项原则进行决策时，消费者通常要估计各种方案可能产生的不良后果，比较其严重程度，从中选择情形最轻微的作为最终方案，遗憾最小原则的作用在于减少风险损失，缓解消费者因不满意而造成的心理失衡。

四是预期—满意原则。有些消费者在进行购买决策之前，已经预先形成对商品价格、质量、款式等方面的心理预期。消费者在对备选方案进行比较选择时，与个人的心理预期进行比较，从中选择与预期标准吻合度最高的作为最终决策方案，这时他运用的就是预期—满意原则。这一原则可大大缩小消费者的抉择范围，迅速、准确地发现拟选方案，加快决策进程。

2.3.3 消费者的购买决策分析

对消费者的购买决策进行分析，就是要分析消费者决策过程的特点，以及消费者决策的一般规则和影响消费者决策的因素。

1. 消费者的购买决策过程

消费者的购买行为有其发生、发展的过程。其行为的起点就是动机，其终点就是购买完成后的评价。其中的过程如图2-7所示。

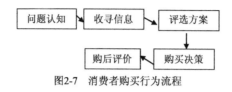

图2-7 消费者购买行为流程

（1）问题认知

这里的问题指的是一种潜在的需要，它存在于实际状态与期望状态的差异之中，这种问题的存在，并不一定被消费者认识到，当消费者认识到这种差异，并且这个差异足以唤起和促使其进入决策过程时，问题的认知就产生了。比如，对饥饿的问题认知，由于一段时间的饥饿使人体内的血糖水平降低，但是只要它保持在临界点上，人体就不会感受到问题的存在，看到血糖低于临界点以下，大脑才会发出需要进食的信号。这时问题才会被感知到，潜在的需要才会被唤起。问题的认知过程是与消费者的信息加工过程和动机形成过程密切联系的。消费者只有通过对来自内部和外部所有的信息进行加工，才能意识到问题的存在。

（2）搜寻信息

信息来源主要有四个方面：一是个人来源，如家庭、亲友、邻居、同事等；二是商业来源，如广告、推销员、分销商等；三是公共来源，如大众传播媒体、消费者组织等；四是经验来源，如操作、实验和使用产品的经验等。前三种是外部信息，后面一种是内部信息。

一般而言，消费者所收集的信息包括两类：第一类是作为备选方案的产品品牌；第二类是评价这些品牌之间差异性的标准。例如，购买一台冰箱，消费者通过内部和外部信息的广泛收集，初步认定海尔、西门子这两个品牌中有款式符合他的需要。另外，还要了解评价冰箱的其他性能，主要是最重视的性能的基本知识和规则，如用电情况、噪声情况等。

对于收集信息的详尽程度，消费者个体的人格特征有关。一种消费者主要依靠文本来认知事物，处理信息的方式就是理性的信息加工的方式，这类消费者就是学者鲁格曼定义的高介入消费者，对这类消费者可以采取高介入的媒体手段，来进行销售策划。另一种消费者主要是依靠图像对认知的作用，包括对符号的加工处理的方式来确认事物，在实际促销中，低介入的媒体广告（如电视广告）对其有着比较好的作用。

（3）评价备选方案

评价备选方案是指消费者进行分析、评估和选择的过程，这是决策过程中的决定性环节。在决策的过程中存在着几种典型的心理现象，分别是价值心理、冲突心理、风险心理。

价值心理是决策中对产品价值的判定，也就是理性地分析是否用最小的付出得到了最能满足需要的产品。在实际的衡量和分析中，情况是比较复杂的。因为产品的风格、外形、价格、性能、服务等都是优劣并存的，一个产品集所有产品优点于一身。到底哪些因素会确实打动消费者，这和消费者的生活观念及人格特点分不开。生活俭朴的人会选择价格低、性能质量稳定的产品，追求时尚的人看重的是产品的风格。

冲突心理是指在决策过程中，有些决策方案已经基本确定时，又会受到反对的意见，处于一种需要再次判定的心理状态。风险心理是指在决策中如果一个方案中的产品克服了产品所带来的几种风险，那么就会促使消费者选择此产品。

风险心理是担心决策的失误给生活和工作带来负面的影响。消费决策中的风险主要是功能风险、质量风险、经济风险、心理风险、时间风险。功能风险是担心所购的产品是否能实现预期的功能。质量风险是担心所购产品的质量是否可以得到保证。经济风险是担心所购产品的价格是否符合它的价值。心理风险主要是担心所购产品是否符合时尚，是否与自己的身份相符合等。这些风险是消费者在进行决策中所必须考虑的。而其中的一些因素也形成了消费者是否购买此产品的重要依据。

（4）实施决策

消费者经过对备选产品的评价已经形成购买某具体产品的意图。一般情况下，能够顺利完成决策。但如果意外情况发生，如失业、产品涨价等，则很可能改变购买意图。购买实际行为的产生和购买地点、购买时间、购买数量、购买方式有关。根据购买方式不同，还可以把实际购买分为重复购买、冲动购买和无计划购买。

（5）购后评价

消费者在购买产品后进入到消费或使用阶段。实际的消费和使用意味着把买回产品的实际工作特性同选择的标准作比较，从而再次对以前的决策进行审判，并把最终信息存贮在记忆中，作为以后选择的经验。在此过程中，消费者在购买以前对产品的预期起着很重要的作用。通过对产品的使用，感觉产品达到了自己的预期，对产品就持满意的态度。如果原来对产品的期望值很高，而实际的使用效果没有达到，就会有心理落差，对产品有不满意的评价。

消费者对产品的期望值除和消费者自己的个性特征有关，还和企业对产品的宣传有关，有的产品的广告夸大其词，让人们对其抱有很高的期望值，在短期内产品销售好，但在一段时间的销售后，消费者的不满意度就会比较高，这就给产品的销售带来了不利的影响。这种状态不利于产品对品牌的培养及产品后续的发展。

2. 消费者的购买决策的特点

（1）感性化和理性化的协调

在现实生活中，完全理性消费者模式是不现实的，由于消费者受消费经验、消费习惯和适应能力的制约，受世界观、人生观和价值观的制约，受知识、阅历、环境的制约，因此消费者常常是在一个并不完全理想的环境中进行决策，在这个环境中他们并不是单纯根据经济方面的考虑如价格与数量关系、边际效用等问题做出决策。消费者有时会搜寻关于产品备选项的信息并选择看起来会提供最大满意度的产品，有时也会冲动地选择一个满足当时的心境或情绪的产品，购买决策是一个感性和理性相协调的过程。

（2）简单化和复杂化的统一

根据对消费者行为的描述，消费者决策过程是一个简单的线性过程，无非是一个从消费需要、消费动机，到信息收集、实施购买的过程；同时消费者做出购买决策是一个复杂的过程，是消费者心理、社会、文化及经济因素的综合表现。

（3）多元化和主导性的结合

消费者在日常生活中通常具有多元化的购买需要，购买一种商品也不会只追求一个方面的满足；但在多元化的需要中总有主优势的需要，这种优势的需要往往成为购买商品的首选标准或关心点，因此消费者的购买行为常常是消费需求的多元化与购买行为的主导性相结合的。

2.3.4 有利于购买行为产生的促销策略

在整个购买行为中要想促使购买行动发生，必须提供购买行为发生的有利条件。在这个条件中除了对消费群体地了解外，还可以通过设计干预来强化刺激物，促使消费动机的形成，并让消费者尽可能多的了解产品，促使购买行为的产生。设计干预的对象可以是广告、环境、包装及产品本身的设计等。

1. 提高产品感性因素的表现

产品是购买行为的对象，购买行为中所有个体的心理和行为都紧紧围绕着产品进行的。作为核心的因素，一定要提供良好的设计形象，给消费者直观的感受，要符合面向人群的心理特点。现代人们对产品越来越注重外观的感受，这不仅仅是人们对需要层次提高的一个表现，也是人们追求自我精神满足的一个表现。产品的外观新颖、有创意，对冲动型消费者的影响更大一些。如图2-8和图2-9所示的儿童手机造型，造型活泼；另外小朋友感兴趣的卡通人物出现，色彩鲜明，给小朋友一定的视觉冲击力，对其购买行为的产生有着直接的影响。

图2-8 哆啦A梦手机　　　　　　　　图2-9 哆啦A梦手机界面

2. 提高产品包装设计、广告设计的吸引力

产品的包装设计也是广义产品设计的一部分，包装的设计要和产品造型统一，突出产品的定位和特色，以及符合某个产品消费群体的心理特征。如图 2-10 和图 2-11 所示就是与哆啦 A 梦手机相符合的包装及一系列辅助产品。

图2-10 哆啦A梦手机外包装

图2-11 哆啦A梦手机附带件

对于不同的消费者而言，广告可以采用不同的策略形式来对其购买行为进行影响。比如，对高介入消费者提供充足的关于产品性能特点的信息。对于低介入消费者提供感性直观的画面，使其有心理的共鸣，并且突出广告产品定义的品质及定位优势。如图 2-12 所示是路虎越野车的产品广告图片。"让我们去抚摸蓝天白云"车的休闲主题品质展现无疑，给热爱室外活动的消费者以强烈的心理共鸣感受。

图2-12 路虎越野车图片广告

3. 改善物质环境的情景设计

由于影响决策的各种因素不是一成不变的，而是随着时间、地点、环境的变化而不断发生变化。同一个消费者的消费决策具有明显的情景性，其具体决策方式因所处情景不同而不同。我们可以做的就是提供一个有利于购买的良好的环境。

物质环境包括装饰、音响、气味、灯光、气候及可见或其他环绕在刺激物周围的有形物质。物质环境是一种得到广泛认可的情景影响。例如，店铺的内部装修通常设计成能引起购物者

的某种具体情感以便对购买起到信息提示或强化作用。如图 2-13 所示，这样的店铺设计可以引导消费者的视线。另外一些因素对提高消费者的注意力有较大帮助。比如，颜色对于营造购物气氛有很重要的作用。还有气味，已经有证据证明，气味能对消费者的购物行为产生正面的影响。音乐可以舒缓人的情绪，情绪可以直接影响购买行为。音乐的选取是与产品所要表现的风格特点等因素相符合的，在优雅的环境中，有喜爱的音乐在流淌，配合适当的灯光，这样的购物环境会给消费者带来愉快的心情。在愉悦的心情下，消费者易于接受新的产品。

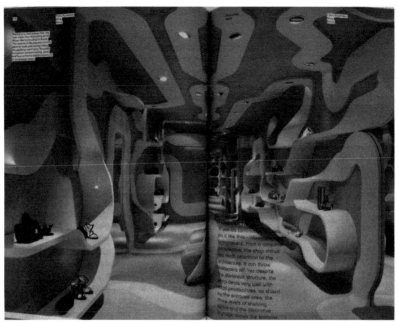

图2-13　鞋店装修设计

4. 提高消费者的参与度

如果人参与到一个行动之中，就会加深对产品认知。随着认知的加深，就会产生信任感，这正是促销的目的。而最好的行动就是体验，消费者的亲身消费体验往往最容易使人信服，最能促动消费欲望。

通过体验促销的方法多种多样，主要包括样品派送、免费试用和现场体验三大类。样品派送是企业将产品样品免费赠予顾客，比如，玉兰油的小包旅行装化妆品的派送。免费试用是将产品借给顾客，让顾客使用一段时间，然后收回的促销活动。比如，小天鹅推行的 30 天免费试用洗碗机活动。这两种体验容易吸引消费者参与，同时也让消费者有较多的时间"深刻"体验产品的品质和特点，但缺点是促销活动的成本和费用较高。第三种现场体验是在某个现场范围内鼓励消费者享用产品的免费活动的促销方法。比如，销售绞肉机、榨汁机的企业经常在销售现场鼓励消费者体验一下用机器绞肉和榨汁的感觉。体验着原来十分费劲的事情如此轻松地完成，使家庭主妇们心甘情愿地购买。这些现场体现的方法通过让消费者参与为产品聚集了人气、扩大了知名度和可信度。是一种节约费用、行之有效的好方法。

2.4 市场细分下的心理分析与产品设计

市场细分的概念是美国市场学家温德尔·史密斯（Wendell R.Smith）于 1956 年提出来的。按照不同的因素把市场进行细分，根据细分的市场有针对性地设计产品，能更好地满足消费者的需求。

2.4.1 市场细分

市场细分（Market Segmentation）是根据消费者需求的不同，把整个市场划分成不同的消费者群的过程。进行市场细分的主要依据是异质市场中需求一致的顾客群，其实质就是在异质市场中求同质。市场细分的目标是为了聚合，即在需求不同的市场中把需求相同的消费者聚合到一起。

1. 市场细分的分类

根据地理环境因素、人口统计因素、消费心理因素、消费行为因素、消费受益因素等不同要素，市场细分可分为地理细分、人口细分、心理细分、行为细分、受益细分五种基本形式。地理细分是依据国家、地区、城市、农村、气候、地形等进行细分市场。人口细分是依据年龄、性别、职业、收入、教育、家庭人口、家庭类型、家庭生命周期、国籍、民族、宗教等进行细分市场。心理细分是依据社会阶层、生活方式、个性等细分市场。行为细分的依据是时机、追求利益、使用者地位、产品使用率、忠诚程度、购买准备阶段、态度。受益细分的依据是追求的具体利益、产品带来的益处，如质量、价格、品位等。

2. 市场细分包括以下步骤

（1）选定产品市场范围

应明确自己在某行业中的产品市场范围，并以此作为制定市场开拓战略的依据。

（2）列举潜在顾客的需求

可从地理、人口、心理等方面列出影响产品市场需求和顾客购买行为的各项变数。

（3）分析潜在顾客的不同需求

应对不同的潜在顾客进行抽样调查，并对所列出的需求变数进行评价，了解顾客的共同需求。

（4）制定相应的营销策略

调查、分析、评估各细分市场，最终确定可进入的细分市场，并制定相应的策略。

对企业来讲，市场细分可以根据细分人群的特点及行为喜好的方式来确定产品的营销方式和方法，从而促使销售量的增加，给企业带来利润。下面就是一个通过市场细分成功地推广了产品的案例。

在20世纪60年代末，美国米勒啤酒公司在美国啤酒业排名第八，市场份额仅为8%，与百威、蓝带等知名品牌相距甚远。为了改变这种现状，米勒公司决定采取积极进攻的市场策略。首先进行市场调查，发现若按使用率对啤酒市场进行细分，啤酒饮用者可细分为轻度饮用者和重度饮用者，而前者人数虽多，但饮用量却只有后者的1/8。另外，重度饮用者有着以下特征：多是蓝领阶层；每天看电视3个小时以上；爱好体育运动。米勒公司决定把目标市场定在重度饮用者身上，并对米勒的"海雷夫"牌啤酒进行重新定位。重新定位从广告开始。他们首先在电视台特约了一个"米勒天地"的栏目，广告主题变成了"你有多少时间，我们就有多少啤酒"，以吸引那些"啤酒坛子"。广告画面中出现的尽是些激动人心的场面，船员们神情专注地在迷雾中驾驶轮船，年轻人骑着摩托冲下陡坡，钻井工人奋力止住井喷等。结果，"海雷夫"的重新定位策略取得了很大的成功。到了1978年，这个牌子的啤酒年销售达2000万箱，仅次于AB公司的百威啤酒，在美国名列第二。

对于产品设计来讲，一般通过市场细分，如人口细分、心理细分等，确定产品设计服务的人群，并针对这些人群进行调查。在调查中可以针对这一人群对产品的期望、市场的需求、动机、人群的价值观念、心理特征、思维方式、行为习惯等进行分析，得到设计中有益的信息并应用于设计。如表2-5所示就是不同的细分人群对音乐手机的关键要求。

表2-5　手机的细分人群与音乐手机分析

音乐手机的消费群体划分	选择音乐手机的关键点
商务人士	倾向内存大，音效好，外观简洁，颜色稳重的音乐手机
时尚群体	外观造型个性，颜色时尚，机型要薄，专业的音乐手机
学生群体	颜色跳跃，流线造型，声音大，屏幕大，播放按键突出
音乐女性	造型柔美，机型小巧精致，颜色与时尚的搭配
专业级群体	从事音乐或者对音乐狂热的消费群，对音乐手机的要求更高，卡拉OK级的水准

市场细分对产品设计有很大的帮助。首先，市场细分有利于设计中的产品定位。这个定位是来自细分下的调查结果。由于目标明确，更利于在一定人群范围中对细分人群特点的调查。从而设计能够实现准确定位，符合细分人群的心理特征、认知特点的程度高。再次通过市场细分，可以提高消费者或使用者的满意度。在产品的设计过程中，设计充分考虑细分人群的需求、动机及消费特点，有针对性的设计，设计出的产品就更能符合市场规律，让消费者满意。在产品后期的使用过程中，由于产品的外观设计、结构设计等是面对细分人群的认知特点、行动特点来设计的，所以易于被使用者接受，操作简便易行。最后，通过市场细分，可以使企业通过产品设计增加企业的利润。设计的产品适销对路可以加速商品流转，加大生产批量，降低企业的生产销售成本，提高生产工人的劳动熟练程度，提高产品质量，全面提高企业的经济效益。

2.4.2　不同性别的消费心理与产品设计

男性与女性由于天生的生理构造不同，以及后天在社会上承担的责任不同，所以男性和女性的心理活动差别很大。曾经有一句话说"男人来自火星，女人来自金星。"男女的差别之大可以窥见一斑。男女性别的差异主要表现在记忆、思维和情绪这几个方面。在记忆上，女性擅长描述性的记忆、情绪性的记忆，识别记忆的方式大多是机械记忆。而男性侧重逻辑思维性的记忆，大多采用对材料理解记忆的方式。在思维上，女性有较好的具体思维能力和形象思维能力，男性有较好的描述能力和逻辑推理能力。在情绪上，大多女性胆小、怯懦和多虑，而男性勇敢、大胆。另外，女性的情绪稳定性差，易受暗示、尊从性强。两性的个性差异表现在男性比女性更具攻击性、支配性，女性比男性更富同情心。总而言之，男性趋于理性，女性趋于感性。

1. **女性的消费心理特点**

女性在市场消费中，一直充当着重要的角色。因为市场上的大部分商品都是通过女性的购买进入家庭的，特别是服装。据统计，在消费活动中有较大影响的中青年女性约占人口总数的 21%。她们不仅对自己所需的消费品进行购买，也是绝大多数儿童用品、老人用品、男性用品、家庭用品的购买者。女性在购买产品时，有着不同于男性的消费心理特征，具体表现在以下几个方面：

（1）爱美心理强烈，注重产品的外观和感受

女性有强烈的爱美、求美的心理，这些让她们对产品外观形象特别注重。女性对产品的接受比较多的来源于外观美感，并容易受情感作用而产生购买行为，也容易受到情景性广告的感染而购买产品。女性联想丰富，通过购买一件符合感觉的产品后容易进行产品的延续购买，对美的追求使女性对流行时尚也特别敏感。外观时尚美观的产品对她们具有很强的吸引力。在对产品外观的要求上，她们倾向于造型柔和、色彩艳丽或者淡雅，喜爱装饰及其他容易激发情感的图案或造型。

（2）注重产品的实用性，对产品的价格敏感

在已婚女性中，女性在现代家庭里面掌握了消费的主动，她们购买产品讲究经济实惠。对商家优惠促销的产品也会表现出浓厚的兴趣。

（3）购买产品的方式是精挑细选

女性心思细腻，对新颖的产品有着天生的热情。在购买一件产品时往往要看过多种同类品牌的产品，才做最后的购买决策。她们愿意花费大量时间来进行挑选产品，在这个过程中充分享受购物的乐趣。

（3）自信心不强，在购买决策时容易受别人影响，有从众心理

在购买产品时，女性面对琳琅满目的商品，往往犹豫不决。并在购物过程中，和同伴一起去挑选的情况比较多。同时，购买以后，如果得不到周围同事或家人的肯定，往往对产品进行退换处理。

（4）乐于参与购买活动，并具备一定的传播性

"女人天生都是购物狂"，"女人的衣柜里永远缺少一件衣服"，这些话都说明女人把购物当做乐趣。即使没有一定的购买任务，也愿意去商场逛逛，以了解当今的流行时尚趋势，满

足自己的心理需求。在购买一件满意的产品后，女性又可以迅速转变为产品的宣传者。因为女性有较强的表达能力、感染能力和传播能力，一些令女性购买者满意的产品通过对话、聊天的方式可以迅速得到传播。

如图 2-14 所示是一款依据女性心理特点而设计的一款手机。从造型特点上它外形圆润，色彩是粉色与白色的组合，色彩淡雅。面板上的花纹是曲线的组合，给女性以柔美的感觉。如图 2-15 所示是一款女性乳腺治疗仪。直观易于操作的界面，饱满的形体和紫罗兰色、朱红色颜色，体现出女性产品柔美的特性。当然对于产品的市场销售也要充分考虑女性以上在购买方式和决策上的特点来进行产品的营销。

图2-14 女性手机

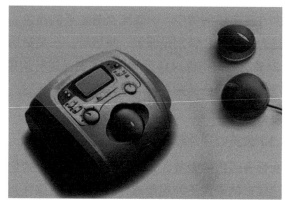

图2-15 女性乳腺治疗仪

2. 男性的消费心理特点

男性在家庭中所承担的责任和义务不同，加之社会文化对男性的要求不同，使得男性在消费心理方面存在着以下特点。

（1）男性消费动机形成迅速、果断、理性

男性在购买商品时目的性强，往往具有明确的目标。在购买过程中动机形成迅速，对自己的选择表现出很强的自信心。许多男性消费者不喜欢花费很多时间去比较、选择。即使买到的产品有一定的小问题，也不愿去追究。

（2）购买具有被动性、求便性

一般而言，男性购买活动较少，购买动机往往是在缺少的情况下形成的，比较被动。男性的求便心理比较突出。男人购买小商品时，喜欢在居住地购买，喜欢做一次性购买。男性喜欢使用方便的东西，讨厌排队等消耗时间的购买过程。

（3）自尊心强，注重品牌产品，受价格影响小

男性有强烈的自尊心，也有很强的爱面子心理。由于市场面对男性的产品样式不如女性繁多，男性在挑选产品时更加注重质感及品牌。品牌代表了一定的品位和质的属性，往往有一定的社会身份的识别特征。这对于社会中乐于表现自己的强大的男性心理是符合的。品牌产品的价格即使高出一般产品的价格，男性一般也不在意，迅速达到目标、注重质感就是他们普遍的购买模式。

（4）愿意为满足自己的癖好消费

男性往往有自己一定的癖好，比如，特别喜欢钓鱼，对鱼竿的购买就不惜代价。比如，收藏瓷器，对瓷器的购买就成为主要的消费。另外，男性好动，攻击性强，对于涉及运动类的产品往往也特别青睐。

以上男性的消费心理特征及购买特征决定了男性使用的产品一定是能够展现其男子气概、造型刚硬、使用方便、质感突出的这一类产品。另外由于其比较理性，对于科技含量高、能表现技术美的产品男性也易于接受。如图 2-16 和图 2-17 所示，这些产品的造型及使用就符合男性的心理特点。

图2-16　电动剃须刀　　　　　　　　图2-17　保时捷时尚手表

2.4.3　不同年龄的消费心理与产品设计

1. 儿童的消费心理与产品设计

儿童期一般是指 12 岁以前这一群体。他们的消费内容在很大程度上由成人做出选择，而他们的购买能力和购买意愿等，都不同程度地依赖家长的帮助。他们受到一系列外部环境因素的影响，其消费心理和消费行为变化幅度较大。概括地说，儿童顾客的购物动机主要体现在以下几方面：

（1）主要重视玩具的外观

低龄儿童顾客对玩具的认知主要是由直观刺激引起的，他们特别喜欢造型简单、色彩明快鲜艳的东西。通过学习和接触大量的传媒，对使用过的东西进行比较，有了一定的抽象思维能力，对物品认知的直观性有了一定程度的了解。

（2）纯生理性需要发展成为带有社会性的需要

儿童顾客在 0 ~ 6 岁之间，其消费需要主要表现为生理性的，且纯粹由他人帮助完成。随着年龄的增长，消费需要从本能发展为有自我意识加入的社会性需要。处于幼儿期、学龄期的儿童，已有了一定的购买意识并对父母的购买决策产生影响。然而这时的儿童仅是玩具的使用者，很少成为直接购买者。

（3）从模仿性发展为带有个性特点的消费

模仿是儿童的天性，随着年龄的增长和自我意识的不断提高，这种模仿性消费逐渐被有个性特点的消费所代替，"与众不同"的意识或"比别人强"的意识常常影响他们的消费行为。购物行为也开始有一定的动机、目标与意向。

（4）从不稳定发展到比较稳定的消费情绪

儿童顾客的消费情绪是极不稳定的，易受他人感染，易变化。随着年龄的增长，控制自己的情感的能力不断增强，并且儿童的偏好逐渐显露出来，其消费情绪也开始逐渐稳定下来。

儿童在成长的过程中，有自己的心理特征。这些心理特征包括认知的和行为方面的。主要有：好动，好奇，对新鲜事物充满探索精神。性格活泼，喜欢冒险，喜欢亮丽的色彩，特别是女孩很偏爱粉色。喜欢卡通人物形象。注意力不能长时间集中，操作动作不精确。不太注重安全性。根据这些心理特征和消费特点在产品设计上儿童的产品造型要有感染力，往往借助卡通人物的变形。色彩亮丽易于吸引孩子的视线。在操作上，可以运用有趣的操作过程与动作来引导。按钮设计要大一些，注重材料的环保性、整体产品的安全性。如图2-18和图2-19所示是两款适用孩子使用的儿童手机。

图2-18　女童手机

图2-19　男童手机

2. 青少年的消费心理与产品设计

青少年包括少年期和青年期，这是人生最活跃的的时期，少年期是人从儿童向青年过渡的时期，生理逐渐趋于成熟，心理上有了很大的变化，有了尊重、被尊重的要求，逻辑思维能力增强，处于依赖与独立、成熟与幼稚、自觉性与被动性一个矛盾的统一体中。他们的消费有以下特点：第一，独立性逐步显现，好奇心较强，自己的喜好标准也在逐步形成；第二，消费具有一定的同调性，同时也具有一定的炫耀欲。喜欢与周围的同伴比较，别人有的自己也要。有了自己喜欢的东西也要给同伴炫耀一下；第三，从受家庭的影响逐步转向受社会影响。对于社会的信息易于接受，对家庭的建议会有逆反心理。第四，对于产品的品牌有初步的认知，并会在同一群体中有追求品牌的意识。

青少年在这个阶段容易接受新事物，并处在人生观形成时期。在此时期如果培养他们对某品牌的认知，在未来的时间里会得到丰厚的回报。比如，索尼公司就进行了这方面的尝试。索尼投资兴建了一个1500平方米左右的体验馆——"索尼探梦"。在索尼探梦体验馆内，参观者可以亲手逗弄索尼的新一代"爱宝"智能狗，欣赏各式各样的数字化产品来充分体会数字化生活方式带来的无限享受，同时，也可以亲手使用SonyVAIO电脑在数码工作室参加各项丰富多彩的现场活动。在"索尼探梦"的体验产品中，相当一部分产品还是未量产的、概念性的产品。消费者可以在这里长时间玩乐、体验而无须面对销售人员。"索尼探梦"把自己的目标群体定位在青少年，就是希望在孩子们什么都好奇的年龄段，借助亲身体验索尼产品给出答案，从而让这些孩子从小就信任索尼这个品牌，长大之后，自然而然，他们就会成为索尼产品的消费者。

青年时期的消费者，心理已经较为成熟，思想极为活跃，对未来充满希望和憧憬。追求个性的特点最为突出。这个时期的心理与行为特征主要表现在以下方面：第一，追求时尚，引领时尚潮流。对任何新事物、新知识感到新奇、渴望并大胆追求。在购买产品时比较情感化，较为冲动。第二，追求个性，表现自我。他们追求个性独立，希望确立自我价值，形成完美个性形象。他们非常喜爱个性化的商品，并在消费活动中希望充分展现自我。第三，在接受产品信息的媒体上更倾向于网络。网络的普及使青年的消费和购物借助于网络来完成，或者直接进行网上购物。

下面两款产品就是专门为青少年做的产品。如图2-20所示是一款指甲刀，如图2-21所示为一款时尚腕表。

图2-20 炫彩指甲刀　　　　　　　　　　　　　图2-21 时尚腕表

3. 中年人的消费心理与产品设计

由于中年人的心理已经成熟，个性表现比较稳定，他们很少感情用事，做事有原则，有自己较为稳定的理性处理问题的方式。中年人的这一心理特征在他们的购买行为中也有同样的表现。

（1）购买的理智性胜于冲动性

中年人在选购商品时，很少受商品的外观因素影响，而比较注重商品的内在质量和性能，往往经过分析、比较以后，才做出购买决定，尽量使自己的购买行为合理、正确、可行，很少有冲动、随意购买的行为。

（2）购买的计划性多于盲目性

他们常常对商品的品牌、价位、性能要求乃至购买的时间、地点都妥善安排，做到心中有数，对不需要和不合适的商品他们绝不购买，很少有计划外开支或即兴购买。

（3）购买求实用，节俭心理较强

中年人是社会的中坚力量，在家庭中也肩负着主要的责任。上有父母要赡养，下有孩子要教育，使大多数中年人在购买商品时考虑的因素比较实际，买一款实实在在的商品成为多数中年人的购买决策心理和行为。因此，中年人更多的是关注产品的结构是否合理，使用是否方便，是否经济耐用、省时省力，能够切实减轻家务负担。产品的实际效用、合适的价格与较好的外观的统一，才是引起中年消费者购买的动因。

（4）购买有主见，较少受外界影响

由于中年人的购买行为具有理智性和计划性的心理特征，使得他们做事大多很有主见。他们经验丰富，对产品的鉴别能力很强，大多愿意挑选自己所喜欢的产品，对于广告一类的宣传也有很强的评判能力，受广告这类宣传手段的影响较小。

为中年人做的设计要沉稳大方，不要有过多的装饰。便捷性、实用性是产品主要考虑的因素之一。另外，中年人比较注重产品是否符合自己所在阶层，产品能否代表自己的身份。特别是一些商务人士对产品的这些方面要求比较高。如图2-22所示就是一款设计沉稳的商务手机。如图2-23所示是一款给中年人带来便捷的大视窗松下洗衣机。

图2-22　商务手机

图2-23　松下洗衣机

4. 老人的消费心理与产品设计

老年人通常是指男性60岁以上、女性55岁以上。在我国，老年人约占人口总数的10%。但当今社会人们的寿命在延长，出生率在降低，整体社会的结构日趋老龄化。据2003年中国统计年鉴中的统计，80岁以上高龄人口正在以平均百万人的速度增长。社会上将有更多的老人，设计者也应该进一步思考怎样为老人做更好的设计。老年消费者由于生理和心理发展不可避免走向衰变，其在购买心理和行为上也就形成一定的特点。第一，对产品追求物美价廉，方便实用。老年人心理稳定程度高、注重实际、较少幻想。在购买过程中，要求提供方便、良好的环境条件和服务。老年商品的陈列位置及高度要适当。商品标价和说明要清晰明了。第二，老年人是中低档商品的追随者，注重产品的使用性能。对于商家降价、折扣或送赠品的促销比较感兴趣。第三，有一定的心理定势，对长期形成的购买方式、购买场所、购买品牌不容易轻易改变。这是由于老年人不太容易接受新事物造成的。

给老年人设计产品要充分考虑其心理特征、认知模式与动作特点。在外观和使用便利方面，针对老年人视力日益衰退，采用超大按钮字母设计可以使他们使用更加方便。操作方式不应复杂，产品操作界面简洁为主。如图2-24所示就是一款设计简单的适合老年人用的手机。如图2-25所示的是符合老人行动特点，稳定性高，使用性强的一款旅行箱。

图2-24　老人用手机

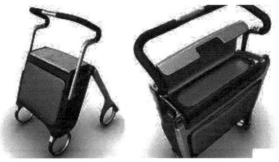

图2-25　caddy老人用旅行箱

复习思考题

1. 马斯洛的需要层次论的主要内容是什么？

2. 分析人们购买手机的动机。

3. 消费者购买产品的决策过程是怎样的？

4. 对于一款儿童早教机怎样做到符合儿童的心理特点和他的操作方式？

5. 设计一款女性产品并说明哪些要素符合女性消费心理。

第3章
用户心理与设计

本章重点

◆ 感觉和知觉的概念。

◆ 用户操作过程中的知觉种类。

◆ 注意、记忆及思维的概念和界面设计的原则。

◆ 以用户为中心的心理模型的建立。

◆ 用户出错的类型及避免设计出错的设计原则。

学习目的

通过本章的学习，明确用户操作产品的过程既是知觉的过程也是认知的过程；并通过调查建立起以用户为中心的心理模型；依据此心理模型设计的产品能够符合用户的操作及认知需要。

产品在经市场销售后进入产品的使用阶段。使用产品的人称为用户。研究用户心理是设计心理学中的一个重点内容。用户操作产品的过程是一个复杂的心理过程,此过程中包含用户的感知、注意、记忆、思维等概念。一个好的产品应该是易于使用、符合用户认知的产品。要想做到这一点,设计师必须通过对用户心理的研究,运用适合的设计调查方法,建立符合用户心理的产品的思维模型和任务模型,在产品的形态结构中提供便于操作行动的条件,给予用户正确的引导。

3.1 感觉系统

人对客观事物的认知是从感觉开始的，它是最简单的认知形式。感觉还可以是一种心理体验。在感觉基础上可以产生高一级的心理过程，比如，知觉、记忆、思维等。

3.1.1 感觉的概念

感觉来源于感官接受的信息，是由简单而孤立的实际刺激所产生的当即的、直接的、定性的经验，是对事物个别属性的反映。我们在看到一件家电用品———一台电视作用于我们的感觉器官时，通过视觉可以反应它的颜色、形状；通过听觉可以感受到它所播放的节目；通过触觉可以反映它的表面光滑程度。这些都说明通过对客观事物的各种感觉我们可以认识到事物的各种属性。

人们产生感觉首先是来自刺激。人们身体中各个感觉器官或感受器接受机体内、外环境的各种刺激，将刺激转变为神经冲动信息，这些信息借感觉神经传入到中枢，经过大脑复杂的信息处理，产生感觉。收集这些信息的人身体的器官就是感受器。感受器是由许多能够完成感受功能的细胞构成，如图 3-1 所示就是各种感受器中的细胞的形状。

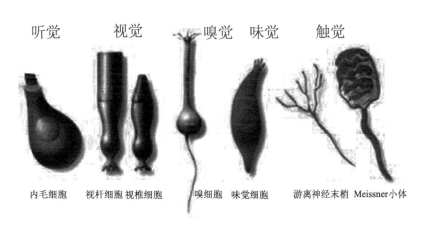

听觉　　视觉　　嗅觉　味觉　　触觉

内毛细胞　视杆细胞 视椎细胞　嗅细胞　味觉细胞　游离神经末梢 Meissner小体

图3-1　各种感觉器的细胞图

要使观察者感觉到一个刺激，刺激必须具备必要的物理能量，这种最小物理能量称为绝对阈限。1954 年，加拿大科学家做了一个实验。他们让志愿者戴上半透明的塑料眼罩、纸板做的套袖和厚厚的棉手套，躺在一张床上什么也不用做（除了吃饭和上厕所）。实验完成规定时间可以给志愿者丰厚的报酬。但仅过几天，志愿者们就纷纷退出。因为他们感到非常难受，根本不能进行清晰的思考，哪怕是在很短的时间内注意力都无法集中，思维活动似乎总是"跳来跳去"。另外，50% 的人出现了视幻觉、听幻觉和触幻觉。这就是心理学上著名的"感觉剥夺"实验。这个实验证明：丰富的、多变的环境刺激是人生存的必要条件。人的身心要想保持在正常的状态，就需要不断地从外界获得刺激。在被剥夺感觉后，人会产生难以忍受的痛苦，各种心理功能将受到不同程度的损伤。

对于产品设计来讲，不同性别、不同年龄的人群对刺激的需求是不一样的，比如，儿童产品色彩丰富亮丽，是因为儿童视觉需要的刺激要强，才能引起他的注意。

3.1.2 五种感觉系统

感觉是一种较为简单的心理过程。它可以分为视觉、听觉、嗅觉、味觉、触觉五种心理感觉。通过感觉人们可以分辨颜色、声音、软硬、粗细、重量、温度、味道、气味等。

1. 视觉系统

（1）生理基础

人的眼睛是视觉产生的生理基础。了解眼睛的构造能让我们更好地了解人们的视觉特点。人的眼睛是一个直径约为 23mm 的球状体（见图 3-2）。眼睛的前端主要是接受外部信息，转化成图像。后端为图像接受传递区域。主要由视网膜视神经等组成。眼睛的构造与相机的结构比较相像。眼睛的前端是由角膜、瞳孔、房水、晶状体、玻璃体和睫状肌等组成，起聚焦成像的作用。巩膜相当于相机壳，对眼球的内部结构起保护作用，角膜就相当于照相机的光圈，虹膜相当于光圈的叶片。状体就相当于一个可变焦距的透镜。眼内的视网膜相当于照相机的感光底片，大脑的视觉皮质中枢则相当于电脑控制系统，它们一起接收外界光信号成像并进行传递。

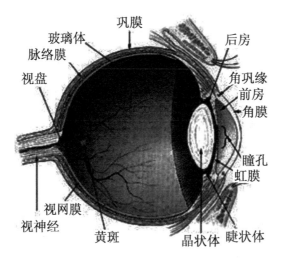

图3-2　眼睛的构造

眼睛的工作过程大致是这样的：自然界各种物体在光线的照射下反射出明暗不同的光线，这些光线通过角膜、晶状体等结构的折射作用，聚焦在视网膜上，视网膜上的感光细胞产生一系列的电化学变化，将光刺激转换成神经冲动，通过视觉通路传至大脑的视觉中枢，完成视觉功能。其中视觉成像的关键部位是视网膜，视网膜在内层。视网膜上存在着人类视觉感受最敏锐的视觉细胞。视网膜分三层：最外层为光感受器细胞层，由接受光线刺激的视锥和视杆细胞组成；中间层为双极细胞层，它接受来自光感受器的信号，并将其传递至神经节细胞；最内层为神经节细胞层，它负责把神经冲动传输到大脑的视觉皮质中枢。视网膜中心凹区域密集分布着大量的视锥细胞，它具有最敏锐的视觉。视网膜的视轴正对终点为黄斑中心凹。黄斑区是视网膜上视觉最敏锐的特殊区域，直径为 1 ～ 3mm，其中央为中心凹。黄斑鼻侧约 3mm 处有一个直径为 1.5mm 的淡红色区，是视网膜上视觉纤维汇集向视觉中枢传递的出眼球部位，无感光细胞，在视野上呈现为固有的暗区，称为生理盲点。

（2）明视与暗视

明视是在光线明亮的情况下，人们看到物体的感觉，就是明视，是由视觉系统中的视锥细胞来完成这个功能的。视锥细胞位于中央凹处，数量多，分布密集。在视网膜周边区相对较少。由于视锥细胞直接与神经细胞连接，所以对光的感受分辨力高，有色觉，光敏感性差，但视敏度高。

在光线比较弱的情况下，人们看到物体，就是暗视。在暗视过程中，视杆细胞起着主要作用。视杆细胞在中央凹处无分布，主要分布在视网膜的周边部，视杆细胞对暗光敏感，故光敏感度高，但分辨能力差，在弱光下只能看到物体粗略的轮廓，并且视物无色觉。

（3）视觉后像

刺激停止作用于视觉感受器后，感觉现象并不立即消失而保留片刻，从而产生后像。但这种暂存的后像在性质上与原刺激并不总是相同的。与原刺激性质相同的后像称为正后像，例如，注视打开的电灯几分钟后闭上眼睛，眼前会产生一片黑背景，黑背景中间还有一电灯形状的光亮形状，这就是正后像。与原刺激性质相反的后像叫负后像。颜色视觉中也存在着后像现象，一般均为负后像。在颜色上与原颜色互补，在明度上与原颜色相反。例如，眼睛注视一个红色光圈几分钟后，把视线移向一白色背景时，会见到一蓝绿色光圈出现在白色的背景上，这就是产生了颜色视觉的负后像。

（4）速度与视觉

平时人们的视觉经验是在静止或低速的情况下形成的。在具有一定的速度前提下，视觉状态也会发生变化。一般静态时，人两眼的视野各为 160°，总视野为 200°。在汽车的速度达到 40km/h 时，视野大约为 100°。车速为 70km/h 时，视野为 65°，车速为 100km/h 时，视野为 40°。静态视力与动态视力也有很大差别。静止视力为 1.2 的司机，在车速为 80km/h 时，视力下降为 0.7，在车速为 100km/h 时，视力下降为 0.5。在一定的速度下，视觉还容易产生错觉。我们在夏天开车时，都有这样的感觉，前面一百米左右总是像有一条水汪汪的带子。其实，那是光线反射及地面在温度的作用下的一种现象。

2. 听觉系统

听觉是声源振动引起空气产生声波，通过外耳和中耳组成的传音系统传递到内耳，经内耳的环能作用将声波的机械能转变为听觉神经上的神经冲动，再送到大脑皮层听觉中枢而产生的主观感觉。

耳朵是听觉的感受器官，如图 3-3 所示，耳由外耳、中耳和内耳迷路中的耳蜗部分组成。耳的适宜刺激是一定频率范围内的声波振动而产生的声波通过外耳道、鼓膜和听骨链的传递，引起耳蜗中淋巴液和基底膜的振动，使耳蜗科蒂器官中的毛细胞产生兴奋。振动波的机械能在这里转变为听神经纤维上的神经冲动，并以神经冲动的不同频率和组合形式对声音信息进行编码，传送到大脑皮层听觉中枢，产生听觉。

听觉带给人精神的享受，孔子听过美妙绝伦的《韶》乐后，三月不知肉味，春秋时期韩国女歌手韩娥的歌声拨动了人们的心弦，深深萦绕在人们的脑海中三天不去，由此而得"余音绕梁，三日不绝"之说。对于产品来讲，在产品中设计不同的声音或音乐，带给用户不同的心理感受，且有提示作用。在产品提示音中，往往表明现在所处的位置、状态，柔和甜美的女声给人带来愉悦的听觉感受。

3. 触觉系统

触觉是指分布于全身皮肤上的神经细胞接受来自外界的温度、湿度、疼痛、压力、振动等方面的感觉。狭义的触觉是指刺激轻轻接触皮肤触觉感受器所引起的肤觉。触觉可以接受接触、滑动、压觉等机械刺激。人的皮肤位于人的体表，依靠表皮的游离神经末梢感受温度、痛觉、触觉等多种感觉。触觉感受器在头面、嘴唇、舌和手指等部位的分布都极为丰富，尤其是手指尖。人们在打麻将时不用看牌也可以通过手指触摸知道是不是自己所需要的牌，在产品中良好的触觉体验可以给人们的操作带来情趣。

随着人们对触觉理论研究的深入，一些触觉的设备也被研究出来。一些研究人员希望他们的努力能让盲人用手就能够感觉到图形模式显示。如图3-4所示就是用于盲人的图形触觉显示器，让图形或画面信息以实时方式在触觉而不是视觉空间中被呈现。

图3-3 耳朵的构造

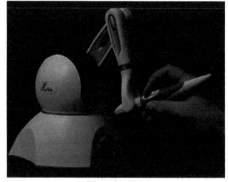

图3-4 触觉设备

如图3-5所示的是针对盲人设计的一款手机。它通过把各个按键设计成不同的角度使盲人能够通过触觉判断数字的位置。三星公司的一款概念产品（见图3-6）。它通过特殊的盲文帮助盲人通过触觉识别键位。通过键盘和可以显示点字法的显示器，盲人可以通过手机收发短信。该设计曾经荣获由美国工业设计杰出奖（IDEA）金奖。

4. 味觉系统

味觉是指食物在人的口腔内对味觉器官化学感受系统的刺激并产生的一种感觉。从味觉的生理角度分类，只有四种基本味觉：酸、甜、苦、咸，它们是食物直接刺激味蕾所产生的。有一些食品或饮品是直接用人们已经习惯的该产品的颜色来表现其味觉的，如深棕色（俗称

图3-5 盲人手机

图3-6 特殊的盲文手机

咖啡色）就成了咖啡、巧克力一类食品的专用色。在表现味觉的浓淡上，设计师主要靠把握色彩的强度和明度来表现。比如，用深红、大红色来表现甜味重的食品，用朱红色表现甜味适中的食品，用橙红色来表现甜味较淡的食品等。在产品设计中"味觉感"，往往借助于色彩使人们把看到产品，特别是与食品有关的产品时，有一定的味觉感受。如图 3-7 所示的产品颜色表示了味觉中的甜味。如图 3-8 所示的饮料瓶通过亮光的材料及鲜明的色彩让人感受到了饮品的清凉。

图3-7 各种甜品

图3-8 饮料瓶

5. 嗅觉系统

嗅觉是人们对气味通过感受器的一种感觉，是挥发性物质的分子作用于嗅觉器官的结果。嗅觉比视觉更易于引发身体反应，嗅觉是实时产生的生理反应，对气味的刺激更敏感、也更易察觉。不同的气味能够引起情绪上和生理上的不同变化。各种气味通过刺激人体嗅觉引发人的情感，从而在一定程度上左右着人们对产品的态度。在使用产品时，如果有阵阵花香袭来，会给人带来愉悦的精神享受。如图 3-9 所示，索爱 SO703i 是一款特别的香水手机，它通过更换 Style-Up 面板的方式获得不同种类的香味，加上 9 款不同款式的漂亮外壳和镜面设计，给人以愉悦的情感体验，得到了女性使用者的喜爱。

图3-9 香味手机

3.1.3 感觉与交互设计

随着时代的发展，人们希望产品不仅能满足功能性的需要，还要满足人情感性的需要。人机交互是人和产品互动的过程。产品与人进行良好的交互能够在更好地满足人们需要的同时，也增加了产品的情趣。人和产品之间交互的形式通过不同感官的感受是多种多样的。技术的发展也使得用户与产品之间的交互不仅仅限于界面交互，而是跟空间、时间、触觉、视觉、听觉、嗅觉的交互。现今产品的交互设计样式分为以下几类：视觉交互样式、触觉交互样式、听觉交互样式和嗅觉交互样式。手机作为人们沟通的工具，集许多新技术于一身。在产品设计方面具有一定的代表性。下面我们以手机为例来探讨一下感觉与交互设计。

1. 视觉交互

通过声光效果，与用户进行交互。比如，黑莓8900上的轨迹球在有新信息抵达的时候，带有LED灯的轨迹球就会闪烁不停，提醒用户注意。如图3-10所示是一款带投影功能的手机，这个功能直接加强了用户与产品的视觉交互。

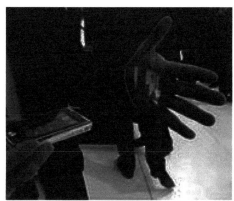

图3-10　黑莓手机

设计师 Mac Funamizu 设计了采用全息技术的革命性概念手机（见图3-11），这款手机的屏幕部分是一块空洞，利用全息技术生成图像，这样在打电话的时候不仅能看到对方，而且看到的还是对方的3D图像，你可以旋转从不同角度观看，就像是处于真实场景一样，并且还可以通过这样的技术查看 Google 三维地图。

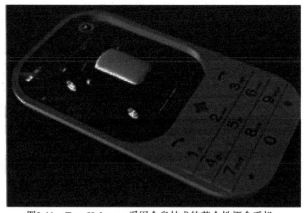

图3-11　Trou Hologram采用全息技术的革命性概念手机

1. 触觉交互

从按键手机到手写手机再到今天的触屏 3G 手机，都说明人机的触觉方面的交互一直在变化之中，并且是变得越来越好控制，越来越有趣味性。如图 3-12 所示就是人的手的操作方式。比如，通过两指拉伸，放大图片。这些触控的方式简单易行并附有情趣，让人们赞叹不已。

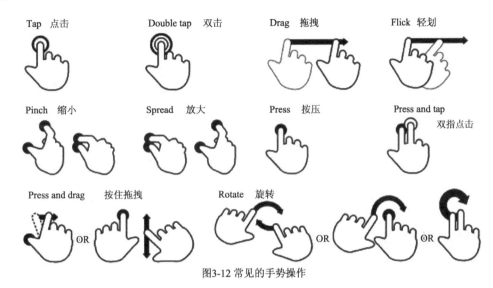

图3-12 常见的手势操作

在现在的手机中，如果你输入号码，在输入每一个数字时，会有一个声音的反馈。

如图 3-13 所示的 Nexus one 手机中，这种反馈就变成了震动。当你按下某个物理按键的时候，手机会震动一下，说明已经点选成功。这就是产品通过触觉向用户传递信息的情况。索尼公司开发的"触觉引擎（TouchEngine）"使用了一个触觉产生器，将电子信号转化为运动，它可以通过震动的节奏、强度及变化的快慢等方面的差异来告知用户是谁打来的电话或来电的紧急程度，这让用户的体验更加真切。

图3-13　Nexus one手机

2. 听觉交互

随着数字音频技术的发展，靠声音与用户进行交互已经变得非常普遍且流行。比较常见的，如新消息到达时的声音提示音；按键的反馈音；电池不足的警示音；QQ 好友上线的拟物音等。还可以利用人本身的声音利用听觉做出很多有趣的交互体验效果。但也要注意手机使用的环境。如果在比较嘈杂的环境下，手机的声音就会变得不容易听到，大大降低了听觉交互的可识别性。一般情况下，听觉交互要配合视觉交互一起使用，并且给予用户控制权，用户可以取消不需要的听觉反馈。

3. 嗅觉交互

相对于视觉和听觉在交互系统中的运用，人们对气味的感知和反应能力还未被很好地利用。相关研究表明，气味能有效地唤起人的某些情绪。随着交互技术的发展，嗅觉体验正越来越被重视。设计师 David Sweeney 设计的 "Surround Smell" 带给用户新的体验。其设备中内置有 16 种独特新颖的气味，用一个微电压泵控制，可以根据电视里不同的场景散发出不同的气味，来传达出不同的信息。

3.2 知觉过程与设计

客观事物直接作用于人的感觉器官，产生感觉与知觉。知觉是在感觉基础上对感觉信息整合后的反应。在日常生活及产品操作中，知觉对来自感觉的信息综合处理后，对产品及其操作做出整体的理解、判断或形成经验。

3.2.1 知觉的概念与理论

知觉是心理较高级的认知过程。知觉活动是一个信息处理的过程。在此过程中，有许多知觉规律可以遵循。

1. 知觉的概念

知觉又称感知，其定义有多种。1986 年，Roth 认为 "知觉是指外界环境经过感官器官而被变成为的对象、事件、声音、味道等方面的经验"。通常认为知觉是人脑对直接作用于感觉器官的客观事物的各个部分和属性的整体反应。在一定的外界环境中，刺激物与感觉器官之间相互作用，外界信息传入大脑对信息整合处理的过程。知觉是心理较高级的认知过程，涉及对感觉对象（包括听觉、触觉、嗅觉、味觉、视觉对象）含义的理解、过去的经验或记忆及判断。在感觉对象中，来自视觉和触觉的感知是最多的，也是我们研究的重点内容。在新产品中，有可以闻到香味的儿童卡片，也有可以食用的书，这些产品扩展了人们在嗅觉和味觉方面的感知。

在日常生活及产品操作中，知觉是通过各种感觉的综合对信息进行处理后起作用的。比如，我们进行驾驶汽车的操作。手握方向盘，触觉可以感受到方向盘的形状及转动，以配合需要转向的方向。眼睛注视前方及左右视镜，来观察所处的情景，是否需要处理位置的改变及速度的改变。在汽车行进过程中还可以听到外面的风噪声，以进一步确认速度的行驶状况。

2. 知觉规律

对于知觉大部分来自视觉的对象。20 世纪初德国的视觉造型心理学（格式塔心理学）就是关于视知觉的理论。格式塔是德文 gestalt 的译音，其含义是整体，或称"完形"。格式塔心理学着重在知觉的层次上研究人如何认识事物，核心内容是"整体大于部分之和"，并形成了以下的格式塔知觉规律。

（1）整体性规律

具体包括就近律、相似律、闭合律、连续律，如图 3-14 至图 3-17 所示。这些都是关于完形的四个规律，都是说明视知觉有把"部分"感知成简洁形式有具体意义的"全部"。

 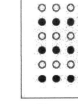  

图 3-14　就近律图形　　　　图3-15　相似律　　　　　　　图3-16　闭合律　　　　　图3-17　连续律

运用这些完形规律可以设计一些有趣味性、适于人们认知的产品，如图 3-18 所示，是两款钟表设计，如图 3-18（a）所示的就是根据了格式塔闭合原理设计的。飞出的蝴蝶虽然使钟面形成了不规则的状态，但这并不妨碍人们把它们看成一个整体。如图 3-18（b）所示的钟表的众多数字组成了表盘，我们在看到此产品时第一感知是圆的一个表盘，再细看才可看到许多的数字。

（a）　　　　　　　　　　　　　　　　　　　（b）

图3-18　钟表设计

（2）选择性规律

在感知范围内，注意把意识活动指向或集中某一中心，使这一中心在感知中显得特别清晰，而把其余部分作为背景显得比较模糊，这就在主观上影响了知觉的组织。具体到格式塔规律就是图形与背景的感知规律。如图 3-19 所示，如果把视觉的焦点集中在黑色上，就可以看到一个回眸的年轻女子的形象。而如果我们把焦点集中在白色的线条上，黑色只作为背景，则就会看到一个年老的妇女低头的形象。如图 3-20 所示，以不同的图形做背景，可以看到不同的图形——两个人的脸部或是一个杯子的形态。

图3-19　图形一

图3-20　图形二

（3）恒常性规律

当知觉对象在一定范围内发生变化，知觉映像仍然保持相对不变。比如一个正方形不管将它用线条印出，还是用色彩画出，不管用红的画出还是蓝的画出，不管它变大变小，不管是用木条构成还是用砖头筑成，它仍然是一个正方形。如图 3-21 所示的这款钟表的设计中，指针虽然发生了扭曲，但并不妨碍人们对指针的认识。

（4）理解性规律

人在感知当前事物时，总是借助以往的经验来理解它们。在人的脑海里存在着大量的知觉经验，人在认知世界的时候总是不断地进行抽象、概括、分析、判断等过程，直到对象转化为人的知觉概念。如图 3-22 所示的这款钟表，指针表示的数字是不完整的，但是人们可以根据以往的知觉经验来判定正确的数字，这就是知觉的理解性。

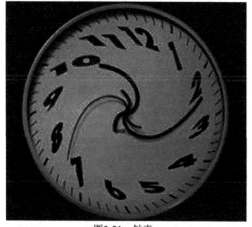

图3-21　钟表一

图3-22　钟表二

3.2.2 产品操作过程中的知觉与知觉特性

用户操作产品的过程，首先是一个知觉的过程，因为在每个具体的操作步骤中知觉都起着重要的作用。产品操作过程中的知觉具有意图性、可预测性、可期待性及非理性等特性。

1. 产品的知觉过程

用户在操作产品过程中，每一个具体的操作都包含知觉的过程，而这个过程大多包含寻找—发现—分辨—识别—确认—搜索等。以上的这个知觉过程是可以反复多次出现，直至操作动作的完成。其中寻找的过程是发现相关有用信息的过程，是信息收集分析再确认的一个过程。这个最终会以发现有利于操作的一些信息为终止继而转入下一个发现的阶段。在这个阶段，可能会有多个信息，需要辨别在此步操作中需要的那个信息。通过分辨这个过程识别出当下操作步骤的信息和提示，再确认操作。例如，我们对洗衣机的操作如下：第一步，我们需要参看我们的外部环境，搜集洗衣机面板上提供的各项信息；第二步，分析辨别哪些信息是有利于我们的第一步的操作的；第三步，开始操作（这时的操作只是操作整个过程中的第一步，可以是点按开关）；第四步，转入下一个循环。重复此知觉过程直至完成整个操作。在一个具体的知觉过程中，视觉起着收集信息的作用，知觉起着整合信息的作用，思维起着识别判定的作用，记忆起着搜索的作用。

在每一个知觉的过程中，面对产品产生的感知是完成正确操作的一个前提。心理学家基布森认为知觉从外界物品感受到的是"它能给我的行动提供什么？"人对任何物品的观察都与行动目的联系起来。他发明了一个新词 affordance（提供的东西），可以把它翻译成"给行动提供的有利条件"或"优惠条件"。如平板可以提供"坐"，圆柱可以提供"转动"等。也就是说，知觉所感受的结果不仅仅是物体的形态。在完成操作产品这个行为任务的驱使下，知觉是在寻求利于操作的条件与判断产品所提供的形态便于怎样的操作。实际上，人感觉得到的不仅仅是形状、灰度和颜色，而是获得对行动有意义的实物。我们从以下几类知觉进行具体的分析。

（1）形状知觉

形状是视知觉最基本的信息之一。我们依靠视觉可以感觉产品具体的形状，包括各种各样的面、各种各样的体。用户在操作过程中，几何形状不是使用者的观察目的。观察的目的在于形状的行动象征意义和使用含义。比如，杯子的形状使人马上想到盛水、喝水，以及怎么端杯子，怎么喝。

我们以坐具为例，坐具最基础的形状就是平面，这种平面可以是任何材料，任何形式结构提供的面。如图 3-23 所示的面是由废报纸的团组合而成的面，图 3-24 所示的面是由线组成的面。这些各种形式的面都可以给人们提供坐的这样一个功能。如果这些面变换成其他的形状，人们依据所给的形的具体形式来确定坐的方式。

如图 3-25 所示是为儿童设计的坐具，这些坐具提供了不同的形状，其中曲面可以采用骑跨的方式来完成。如图 3-26 所示的这种不规则的曲面也引导了人们采用适合它的方式。

图3-23　环保坐具

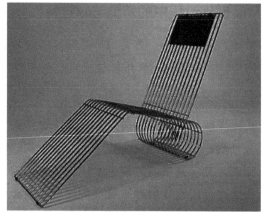

图3-24　时尚金属椅

图3-25　儿童坐具

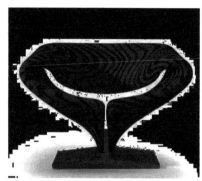

图3-26　个性凳

一般情况下，我们看到的产品上的不同形状，意味着可以采用不同的动作方式来进行操作。具体如下：

```
平面、曲面------坐、趴、躺
圆球---------滚动、旋转
凸起或凹陷按钮----按压
小尺寸圆柱------手握、抓
```

作为设计师就应该从用户角度把几何形状理解成使用的含义，从思维方式上更接近用户的需要，以便在设计中提供适合用户操作的形状特征。

（2）结构知觉

结构是指各个部件怎样组合成为整体。当使用任何产品时，用户感到的并不是外观的几何结构，而是零部件的整体结构、部件之间的组装结构、功能结构、与操作有关的使用结构。产品的一般结构知觉与提供的操作有利条件如下：

```
缝隙------组合方式和组合位置
面的连接----滑动方式
圆柱轴的连接--旋转动作
放生物的连接--生物自然的动作模仿
```

对于产品的外观结构来讲，产品外壳不仅要满足审美和使用要求，还要符合各种生产工艺。如果设计师只会从几何结构理解产品外观，那么设计时就可能忽略了用户的使用要求和工程师的制造要求，这样的东西无法加工。因此，设计师还应当从用户角度、制造工艺角度和功能角度理解产品外观的结构，提供适合的外观结构。如图 3-27 所示的光盘盒，就是利用仿生设计中瓢虫的自然开启的结构方式来引导人们的行动的。

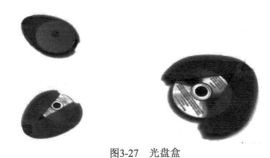

图3-27 光盘盒

（3）表面知觉

心理学家基布森在研究飞行员在空中的视知觉时，他发现飞行员的主要感知来自对陆地表面各种东西的表面机理。这种表面给有意图性的知觉提供了许多信息。在许多情况下主要知觉对象不是形状，所需要的信息主要并不取决于形状。有时候知觉并不需要三维的知觉经验，人们使用环境情景中所含的信息就足够了。这种观点后来也应用到了日常人们使用产品的许多心理过程中。也就是说用户在操作产品的知觉过程中感受到的信息不仅来自形状和色调，而且也来自表面，有时表面信息更重要。

有关表面知觉的主要观点有：各种表面的肌理（包含布局纹理和颜色纹理）与材料有关，是我们识别物体的重要线索之一。任何表面都具有一定的整合性，保持一定的形式，金属、塑料、木材的形状结构各不相同。在外力作用下，有黏性或弹性的表面呈现柔韧以维持连续性，刚硬表面可能被裂断。这些经验使我们不会用石头打计算机的玻璃平面，不会把塑料器皿放在火上烧。因此根据这种表面特性就能够发现很多与操作行动相关的信息。另外，在不同的光线下，不同表面给人不同的心理审美感受。如图 3-28 所示的纯实木的桌子给我们朴实温暖的美感，如图 3-29 所示的金属质感的圆桌给人以现代时尚的美感。

图3-28 实木小桌

图3-29 金属制圆桌

（4）生态知觉

我们在观察任何东西时，都是从一个特定点位置进行观察。起作用的光线只有射入我们眼睛的那些环境光线，这意味着每一个视觉位置所看到的东西都不完全一样。由于观察视角的改变使得物体的相对位置也在不断变化，而物体的背景也常常发生改变。这就是说人的视觉位置与视知觉感受到的东西密切相关。人的知觉感受受到观察角度和环境的影响，我们的知觉是人与环境的统一。

在产品设计时，由于生态知觉的影响，设计要考虑产品所在的环境。如图3-30所示，某公共场所休息区的坐椅设计就充分考虑了环境的因素及人不同的休息方式。设计师给用户提供的操作界面布局应符合他们的知觉需要，并且所有与操作有关的东西都尽量在一个视角范围内。

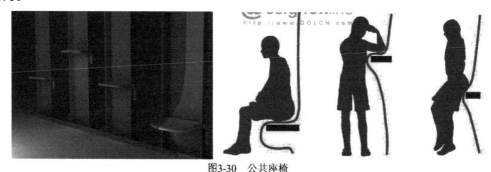

图3-30　公共座椅

2. 知觉的特性

（1）知觉的意图性

在操作使用各种产品时，用户的知觉带有目的性、倾向性、选择性，这就是视知觉的意向性。在操作产品时人的知觉主要有三个意向：第一，因果关系知觉；寻找、发现、识别每个操作与它的结果之间的关系，看什么操作导致什么结果，第二，由这种因果关系、知觉经验，人们逐渐形成了对行动结果的预测和期待；第三，对反馈信息知觉，寻找反馈信息，以供建立下一个操作目的。

（2）知觉的预料性及期待性

预料和期待是行动的固有特性。用户在对产品进行每一步操作前，都会预料在确定位置、确定时间可能出现的结果，并期待一定的结果。这些预料来自长期以来人们积累的大量有关行动的经验。预料是构想的行动状态，是行动计划的一部分。期待是想象的行动目的状态或结果。因此，知觉准备就把视觉意图指向那种所期待的状态，观察者期望观察到确定的和特出的东西和现象。

（3）知觉的非理性

知觉的非理性表现在，每个人的知觉学习经历不同，形成的知觉能力和知觉经验也就不同；不存在唯一的"标准知觉"、知觉标准参数；人们对知觉的理解也不尽相同；对于产品，人们从产品结构、尺寸、色调、材料、表面机理等方面理解的含义也有差别；知觉中也存在错觉现象；知觉功能有一定生理、心理特征和限度。所有的这些都表明知觉不是标准的，不是一成不变的，也不是规范的，知觉具有非理性的特点。

3.2.3　行动及行动类型

行动是受意识、思维、动机控制的活动，简单来说就是有目的的行为。目的性说明了行动的意图性。行为本身是由活动组成的，动作性也是其典型的特性。

用户使用产品时，他们的心理过程往往经过六个阶段，分别是意图、计划、动作实施、感知反馈、认知、形成新意图。意图是操作的前提，也是操作的驱动力；计划是在意图确定后人们根据周围的外界条件，开始计划行动过程；动作实施依照计划来完成具体的动作；其后是感知反馈，动作操作后使产品处于一定的状态之中，人们通过观察获取操作后的结果信息；认知的过程是判断的过程，通过思考判定上一步的操作是否达到了预期效果；如果达到效果，就会确立新的意图，进而进入下一个循环过程。

以上过程是抽象出来的人们操作产品的一个模式，在实际的操作产品的过程中，情况往往比较复杂，因为对于不同的具体行动，人们各个阶段的知觉、认知、动作的作用差别很大。依据这些差别，李乐山教授把行动分为四个不同类型，即知觉行动、认知行动、技能行动、情绪行动。知觉行动中知觉是关键因素，行动的目的就是感知对象。天文观测、考古发掘等就是知觉行动。而生活中的望远镜、显微镜、电视机、照相机、电话等都是与此相关的知觉产品；认知行动是解决问题的过程，从信息的角度来说，认知就是输入、变化、简化、加工、存储、恢复和使用信息的全过程。比如，学习的过程就是认知行动；技能行动是高度自动化的一系列动作组合。如熟练地打字，骑自行车这些行动；情绪行动是与情绪有关的行动。

在知觉行动中，知觉的主要目的是发现区别和识别对象，这种行动主要表现了知觉系统的特性。在认知行动中，认知是行动的主要方面，思维、记忆、表达交流等大脑活动是该行动的主要方面，人体动作仅仅是完成认知过程的一个辅助。在技能行动中，知觉和动作的协调成为主要特性，知觉不是目的而是动作的前提，过程中不包含复杂的认知思维。

3.2.4　易用性产品设计

产品易用是让用户满意的重要因素。要想做到产品易用，必须从用户知觉、认知等方面做到符合用户的知觉、认知特性，并且在产品的界面设计中通过一定的方式来引导用户进行正确的操作。

1. 产品满足知觉需要，具有可操作性

用户操作产品要求易于操作，在产品的界面设计中应该考虑易于操作的特性，具体来说，产品界面应该具有以下特性。第一，产品具有可识别性，要求产品的外观易于感知，知觉能够根据提高的条件进行行动；第二，产品具有可确认性，产品提供的图标等信息符合用户的知觉习惯，不产生多种含义；第三，产品具有可认知性，要求产品的行为状态和过程可以被感知；第四，产品具有可探测性，产品的结构反映操作方式。

2. 以行动为目的，提供各种知觉引导

为了满足行动需要，应该给用户提供满意的操作条件。在具体产品设计中，可以通过引导的方式来进行。在人机界面上给用户提供以下方面的行动引导：

第一是目的引导。通过设计符合人们知觉的形状和结构，使用户在使用产品时对产品的功能性、安全性比较容易的识别，以便使他们更容易决策。

第二是操作计划引导。其引导主要包括操作时的知觉引导、计划引导、操作引导。

设计中给用户提供知觉引导，是为用户提供有利于操作的条件。比如，按键被设计成凹形，去引导手指的触摸。计划引导让用户明确下一步该做什么，设计中可以通过图示、声音、灯光等来进行提示。操作引导又包括操作准备引导、操作方向引导、操作选择引导、操作顺序引导、操作规则和知识引导。这些引导也可以通过声音、灯光、图示等方式进行。

第三是操作评价引导。具体又包括对反馈信息、产品的目的状态及评价结束时的引导。

3.3 用户的认知与设计

认知的概念从不同的角度有不同的定义。从解决问题的角度，认知是选择、吸收、操作和使用信息来解决问题的过程；从信息加工的角度，认知是输入、变换、简化、加工、存储、恢复和使用信息的全过程；从研究内容的角度，认知是包含知觉、记忆、思维、判断、学习、决策、想象、知识表达及语言运用。设计应该满足用户的需要，其中就包括用户的认知需要。要满足用户的认知需要，必须通过界面设计，给用户提供认知条件和认知引导。

3.3.1 注意

注意是心理活动对一定对象的指向和集中。这里的心理活动既包括感知觉、记忆、思维等认知活动，也包括情感过程和意志过程。心理过程的出现，都有一定的针对性和实质内容。认知活动有认知加工的对象，情感过程有所要表达的对象，意志过程也是有目的性地从事某种活动，朝向某个目标。这些心理活动的对象同时也是注意的对象。

指向性和集中性是注意的两个基本特性。指向性是指心理活动在某一时刻总是有选择地朝向一定对象。因为人不可能在某一时刻同时注意到所有的事物，接收到所有的信息，只能选择一定对象加以反映。就像满天星斗，我们要想看清楚，就只能朝向个别方位或某个星座。指向性可以保证我们的心理活动清晰而准确地把握某些事物。集中性是指心理活动停留在一定对象上的深入加工过程，注意集中时心理活动只关注所指向的事物，抑制了与当前注意对象无关的活动。比如，当我们集中注意去读一本书的时候，对旁边的人声、鸟语或音乐声就无暇顾及，或者有意不去关注它们。注意的集中性保证了我们对注意对象有更深入完整的认识。

注意不是一种独立的心理过程。注意是认识、情感和意志等心理过程的共同的组织特性。

注意是伴随心理过程出现的，离开了具体的心理活动，注意就无从产生和维持。注意可以说是信息进入我们认知系统的门户，它的开合直接影响着其他心理机能的工作状态。没有注意的指向和集中对心理活动的组织作用，任何一种心理活动都无法展开和进行。所以，注意虽然不是一种独立的心理过程，但在心理过程中发挥着不可或缺的作用。

人们进行行动时所需要的注意分为以下四种：

① 选择性注意：选择性注意是指个体在同时呈现的两种或两种以上的刺激中选择一种进行注意，而忽略其他的注意。例如，在杂乱的声音中只注意某一人的声音，茫茫人海中只注意到一个人。在一个纷乱的背景下，要想保持自己的注意，就必须提高自己的注意程度，这个过程往往是由意志来完成的。

② 聚焦性注意：聚焦性注意是指将全部精力聚焦在一个事物或过程上。比如，化学、物理试验中的观察。人在需要的时候，必须把注意高度专注在当前的任务上，克服各种无关刺激物的干扰，从而提高工作和学习效率。

③ 分配性注意：分配性注意是指个体在同一时间对两种或两种以上的刺激进行注意，或将记忆分配到不同的活动中。比如，一边听音乐，一边做饭；开汽车的时候聊天。这些活动中，两个活动中有一个是技能活动，是人们在相当熟练的状态下，进行注意的分割。人不能同时完成对两个不熟练动作的注意，那是因为注意具有指向性。

④ 持续性注意：持续性注意是指在一定时间内注意一直保持在某个认识的客体或活动上。在军事上往往把持续注意称为警戒注意。比如，医生连续注意几个小时进行手术。雷达观测站的观察员长时间注视雷达荧光屏上的光信号。

人的知觉和认知过程不可能同时处理大量信息，人的知觉和认知是有一定加工容量的。各种知觉需要注意，各种认知需要注意，各种行动也需要注意。而注意是一个很有限的资源，超出它的能力、容量、精力、可持续时间，人在知觉、认知和行动中对信息的传送就会失误。因此，在设计时应该把注意作为一个综合的心理因素，把减少对注意的需求放在首要位置。

3.3.2　记忆

记忆是人脑对过去经验中发生过的事情的反映。记忆的过程是经验的印留、保持和再作用的过程，它可以使个体反映过去经历过而现在不在面前的事物。记忆的基本过程是识记、保持、回忆或认知。识记是接触各种事物，在大脑皮层上形成暂时联系而留下痕迹的过程。保持则是将暂时联系作为经验存储在头脑中。回忆指的是过去接触的事物不在眼前时，能回想起来。认知则是过去接触过的事物重现时，能认出来。这三个基本过程是密不可分的。识记、保持是回忆或认知的前提，回忆或认知是识记、保持的结果。

根据记忆存储的不同，可以把记忆分为感官记忆、短时记忆和长时记忆。感官记忆是指刺激形象输入感觉器官后，其保持的时间为 0.25 ~ 2s 的记忆。短时记忆是指信息一次呈现后，保持在 1 分钟以内的记忆。例如在电话簿上查到一个不熟悉的电话号码后，在根据短时记忆拨出这个号码后，马上就会把它忘掉。这种记忆的容量也非常有限，一般只能存储 5 ~ 9 个信息项目。如果对记忆内容加以复述，存储量可达 10 ~ 12 个信息项目。长时记忆是指信息经过充分加工后，在头脑中长久保持的记忆。一般能保持多年甚至终身。长时记忆的容量很大，可能高达数 10 亿个信息条目。存储在长时记忆中的信息并非实际事物的真实写照，而是经过了一个解释加工的过程，因而会出现偏差和更改。能否有效地从长时记忆中提取知识和经验，在很大程度上取决于当初解释这些信息的方法。如果记忆材料具有一定意义或是与已知信息相吻合，存储和提取过程就会容易得多。

从记忆的方式上，可以分为机械记忆、关联记忆和理解记忆。机械记忆是指无须理解材料的内涵，只需记住材料的外在表现形式。需要存储的信息本身没有什么意义，与其他已知信息也无特殊关系。关联记忆中记忆的信息之间存在一定的联系或与其他已知信息相关联。理解记忆是指通过理解进行记忆，这类信息可以通过解释过程演绎而来，无须存储在记忆中。对于这种有意义可以理解的信息记忆起来会比较容易。

在日常生活中，人们遇到的关于记忆的问题往往是人容易遗忘和记错的。通过设计来弥补人的操作记忆弱点，减轻记忆的负荷，是设计的一个重要的思维方式。如图 3-31 所示的一款设计就是通过产品设计的造型特点，从平面放置状态，改为直立放置状态，使之容易发现，不容易被遗忘。图 3-32 所示的这款环保概念钥匙扣 Unplug Key Ring 。在每次出门的时候都会提醒你拔掉家里的电源插头，因为人出门总要带钥匙的。把钥匙的扣设计的和电源插座一样，既解决了钥匙的放置问题，又提醒了人们出门要拔掉电源插头。

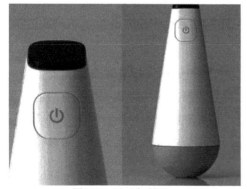

图3-31　不到翁遥控器

图3-32　钥匙扣

3.3.3　思维

思维是以感觉、知觉和表象为基础的一种高级的认知过程。它是揭示事物本质特征及内部规律的理性认识过程。

1. 思维的概念

思维是依据人已有的知识为中介，对客观事物概括的、间接的反映。它借助语言、表象或动作实现。例如，人们能通过春天的温暖、夏天的炎热、秋天的凉爽、冬天的寒冷这些具体的感知特性，而认识到四季的更替是自然界一成不变的特定规律，甚至能进一步认识到这是地球围绕太阳公转的必然结果。

思维运用分析综合、抽象概括等各种智力操作对感觉信息进行加工，以存储于记忆中的知识作为媒介，反映事物的本质和联系。这种反映以概念、判断和推理的形式进行，带有间接和概括的特征。Mayer 认为，思维的概念应该包括三个基本点：第一，思维是认知，却是从行为确立的。它出现在内部，在认知系统内，而且是间接确立的。第二，思维是一个过程，它包含了对认知系统内知识的许多操作；第三，思维是受指挥的，并且导致行为结果。它"解决"了一个问题，或思维被引向答案。

2. 思维的特性

① 概括性：思维在大量的感性信息的基础上，把一类事物的共同本质特性或规律提取出来，并加以概括。思维的基本形式是概念，概念就是把一些具体的现象提取出来概括事物的本质。思维还能概括出事物之间的各种关系，从而形成规律、原理等。

② 间接性：思维活动不直接反映作用于感觉器官的事物，而是借助一定的媒介或一定的知识经验来反映外界事物。这个媒介通常是各种符号，包括声音、图形、动画、文字等。每个人的思维借助的媒介是不一样的，有些人倾向用文字推理，有些人倾向画面思维，有些人倾向用对话方式进行思维，有些人倾向用声音或音乐进行思维。

③ 思维过程的不确定性：人的思维是很复杂的，它往往有一定的连续性和跳跃性。并且在思考一个问题时，思维被注意集中在问题的解决过程中，往往不记忆思维过程。

④ 思维方式的多样性：对待同一个问题，不同的人思维方式并不一样。有些人按照一个思维链进行逐步思考。有些人的思维受情绪的主导，情绪变化很快，导致思维也变化很快。在具体的产品操作上，有的用户按照用户手册的规则来进行思维，有的用户注意产品的反馈来进行思维，有的用户按照自己的主观愿望来进行思维。这些都说明，人的思维方式是多种多样的。对于同一个操作，人们采用的思维方式不同，得到的思维的结果也不尽相同。

3. 思维的种类

思维是复杂的，各种思维其性质显著不同。思维可以从不同的角度进行分类。根据思维活动内容与性质的不同分类，可以分为动作思维、形象思维和抽象思维（也称逻辑思维）。

动作思维是指思维主要依靠实际动作来进行，动作停止，思维也就停止。比如，两岁前的婴幼儿尚未掌握语言，用的就是这种思维。形象思维是指以直观形象和表象为支撑的思维过程。比如，艺术家在美术及音乐上的创作，往往是以这种形象思维作为引导。抽象思维是指借助语言形式，运用抽象概念进行判断、推理、得出命题和规律的思维过程。其主要特点是通过分析、综合、抽象、概括等基本方法协调运用，从而揭露事物的本质和规律性联系。从具体到抽象、从感性到理性认知必须运用抽象思维方法。抽象思维可分为经验思维和理论思维。人们凭借日常生活经验或日常概念进行的思维叫作经验思维。儿童常运用经验思维，如"鸟是会飞的动物"、"果实是可食的食物"等属于经验思维。由于生活经验的局限性，经验易出现片面性和得出错误的结论。理论思维是根据科学概念和理论进行的思维。这种思维活动往往能抓住事物的关键特征和本质。学生通过系统的学习科学知识，来培养训练理论思维。

4. 日常生活中常用的思维

一般来说，在日常生活中往往并不是以逻辑思维为主，实际行动中的思维更多的是按照自己过去的经验去计划、去解决问题，而不是按照逻辑演绎的理性规则进行。日常生活中常用的思维有以下几类：

（1）模仿式思维

模仿式思维是按照比照的规则进行思维。比如，在操作产品时，先学习产品手册上的操作步骤，然后严格按照手册上的步骤进行操作，这就是模仿式思维。

（2）探索思维

当人们失去经验依据，无法判断一个陌生现象时，往往试探性地做出一个行动，来观察有什么样的反馈或结果，然后再根据这个反馈或结果，进行试探性的另一个行动，如此一步步接近目标。这种以实际的行动进行思维的过程，就是探索思维，它实际是一种尝试的方法。

（3）以日常经验为基础的思维

以"行为－效果"关系的经验思维是常用的一种思维。在实际中，我们关注的是自己的行为结果，把自己的行动与结果联系起来，构成因果关系。基本思维结构是"当我采取某个行动时，得到了某个结果。"学习操作各种机器、工具的基本思维方式就是建立这种因果关系。按照这种思维方式我们积累了许多经验，构成了许多知识。我们操作各种工具、机器、家电等主要是来自这种思维。

另外，在实际生活中，我们关注行动方式，善于从形状的含义发现行动的可能性。任何一个实物都具有一定的结构，特别对于机械类型的产品，从它们的结构可以看出功能、行为过程、行为状态等，这些产品的使用经验也是我们常常用到的一种基本方式。

再者，我们也常常使用以"现象－象征"为基础的思维。通常我们把一个状态或现象作为象征，表示另一个自己关注的事件，它的基本思维结构是"当出现某个现象时，象征出现了什么结果。"例如，大型发电厂中的操作员进行系统监督时，往往把各种状态现象看做"安全"或"不安全"的象征。

（4）以情绪为基础的思维

以情绪为基础的思维往往以愿望或者想象作为思维的出发点。比如，人们想象、推测认为某个产品可以完成某个功能，但事实情况有可能相反。

3.3.4 产品界面设计

界面设计是人机交互的媒介。20 世纪 70 年代以来，计算机的飞速发展使人机界面设计的研究日趋深入，现在已经发展成为计算机的一门主要学科。

1. 产品界面设计的概念

界面设计的定义是指通过协调界面各构成要素，优化人与界面信息交流手段及交流过程，以提高人与界面交流的效率、实现用户需求的系统性设计，也称用户界面设计（User Interface Design）。我们在此研究的产品界面设计，是一种实体界面设计，有的称为物理界面、硬件界面、直接操纵用户界面，指的是实际中可触摸的物理实体性的界面，它直接与人接触。例如，手机电子产品的按键、显示屏、插接口、摄像头，机械产品的指针、操控器、调节器等。设计的主要内容是通过对控制面板、按键的形状与排布、特殊功能键的独特设计，来增强产品的可用性。

产品界面是信息输入与输出的物理介质。如图 3-33 所示，在这个人机系统中，界面在操控上影响着人 – 机的信息通道是否流畅（包括有效和高效），因此，产品界面除了外观上有着物质的造型功能，在信息通道上也有着操控功能。在造型功能中我们关注的是设计的美感，在信息通道中我们关注的是有效性、可用性。产品界面设计要充分考虑人的认知因素及反应特点。

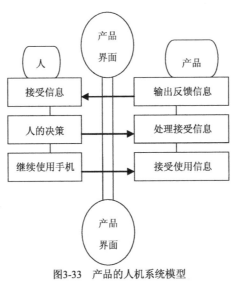

图3-33　产品的人机系统模型

2. 符号及表示方法

产品界面的主要作用是传递信息。对于信息的传递人们主要是通过符号来传递的。符号是人们对现实环境的一种表示和抽象，是进行沟通交流的一种载体。对于一个人来说，任何东西都可以被看做一个符号。任何一个符号都包含三个方面的功能；符号本身，符号所表达的对象，符号的解释，人们借助符号的三个方面进行思维。因此符号设计必须考虑三个方面的要求：符号被用户感知的具体形式；符号表达的具体情境；符号对应的用户的思维类型。

面对各种类型的符号，人们用不同的方式去理解。把实际的各种表达载体和现实抽象进行总结分类，可以得到基本的符号种类。这种分类往往不是来自某个人设计的结果，而是从各种文化中提取出来的，人们的思维对各种符号的理解不同。符号理论被看做是语义学的一部分，它研究各种符号，人脑对符号的处理过程，符号所表达的信息，以及人们用它交流时所存在的各种关系。

符号设计的表现手段丰富多样，并且不断发展创新，常见手段概述如下：

① 表象手法：采用与符号对象直接关联且具典型特征的形象，这种手法直接、明确、一目了然，易于迅速理解和记忆。如表现出版业以书的形象、表现铁路运输业以火车头的形象、表现银行业以钱币的形象为标志图形等。

② 象征手法：采用与符号内容有某种意义上的联系的事物图形、文字、符号、色彩等，以比喻、形容等方式象征符号对象的抽象内涵。如用鸽子象征和平，用雄狮、雄鹰象征英勇，用日、月象征永恒，用松鹤象征长寿，用白色象征纯洁，用绿色象征生命等。

③ 寓意手法：采用与符号含义相近似或具有寓意性的形象，以影射、暗示、示意的方式表现符号的内容和特点。

④ 模拟手法：用特性相近事物形象模仿或比拟所标志对象特征或含义的手法。

⑤ 视感手法：采用并无特殊含义、简洁而形态独特的抽象图形、文字或符号，给人一种强烈的现代感、视觉冲击感或舒适感，引起人们注意并难以忘怀。这种手法不靠图形含义而主要靠图形、文字或符号的视感力量来表现。

3. 图标设计

用户操作产品时，通过对产品的操作来实现自己的目的。人通过一定的动作来实现人机之间的交互，而这种交互式沟通行为的理解对于设计非常重要。通常，有以下几种通过视觉表示操作的方法，图标表达、文字表达及这两种方法的交互使用。许多小家电产品或电子产品，如 Mp3、CD 机上通常有箭头、三角号、方形、圆形等符号来表达。图标的作用是给人在使用产品时提供操作信息的传达，使之获得操作步骤的判断依据。

在文字表达信息和图标表达信息这两种形式上，图标的表达优于文字的表达。现在的产品中，越来越多的产品使用图标来表达操作。这样做的原因有：首先，图标比文字更加容易被直接感知，人对图标的认知程度更高，而且有更高的感知存储。其次，人对图标信息的加工速度更快，对图标的主观感受和识别的速度比文字更快。再次，图标比文字更容易被选择性注意，选择性注意指的是集中于相关信息而过滤掉无关信息的能力。最后，人对图标的记忆能力比文字强得多，对图标传达的信息的熟悉度更高，避免再次操作时的学习。当图标和文字相互作用时，对人的操作行动的帮助更大。

图标传达信息的准确性与有效性对用户的操作尤为关键。如何使设计的图标与实际传达的信息相一致，也就是说怎样使图标传达的信息清晰地指明操作的步骤。这需要我们在进行图标设计的时候遵循以下原则：

首先，是关于产品界面布局的设计原则。第一是顺序性原则；设计界面的整体顺序与操作步骤的流程一致，一般按照自然位置顺序与时间发生顺序相对应来进行表达。比如从第一步到最后一步操作对应从左到右的自然顺序。不能只是考虑到整体的美观性而随心布局。第二是分区性原则；如果信息过多，可以采用分类、在产品界面上分区的表达方式。如图 3-34 所示，电视遥控器中对有相似功能的按键进行了分区并且用颜色和图标进行了表达。如图 3-35 所示是一款按摩椅的遥控界面，其界面设计风格突出，不仅美观流畅，还很符合用户的认知流程和感知方式。

图3-34　电视遥控器　　　　　　　　图3-35　按摩椅的遥控

对于图标表达的原则如下：

① 合理性原则。在图标设计之前，应该基于调查，然后充分研究使用者通过"手段－目的"解决通用问题的方式的操作行为特性，并考虑使用者在操作上发生错误的各种可能性，研究图标使用的可能性和合理性。

② 适量性原则。图标不应表达过多的信息，一旦图标表达的信息超过人的一定的接收容量，信息在传达的过程中就容易出现错误。并且，由于短时记忆的信息容量很小，而存储在长时记忆中的信息却非常巨大，因而一个图标应该表达合适量的信息。如显示器的开关图标"①"，表达信息为打开电源和关闭电源。在人对显示器进行操作时，符合人对"开关"含义的理解，对操作结果的信息是肯定的，其图标表达的信息量是合适的。

③ 清晰性原则。避免选用容易造成含义混淆的图标，图标含义的清晰明确，便于人明确获得操作步骤的信息及正确做出选择判断，而图标含义的不明确，会让人对操作很难或无法了解操作信息，并对操作行为产生不愉快的知觉感受。

④ 简洁性原则。简洁的图标，使人对操作的感知更容易被存储、回忆，在转化成愉快操作信息后，遗忘得慢。简洁图标的操作信息更容易由短时记忆加工成为长时记忆。

⑤ 熟悉度原则。尽量采用人们更为熟悉的简化图形，或者使人通过其他操作行为的回忆更容易产生熟悉度的图标。如要表达"音量"这一操作信息，用喇叭、铃等图形更容易唤起人的熟悉感，从而更好地理解图标的含义。倘若一味地追求形式的新奇带来的视觉冲击，其结果可能反而让人对图标费解。

⑥ 致性原则。在产品升级设计时，不随意改变已有的图标。保持图标含义的稳定性。

下面我们分析一下家用洗衣机的界面设计。

如图 3-36 所示，此界面整体给人的感觉是信息量太大，不符合适量性原则。从图形和文字上来看，文字过多。电源开关图标还比较清晰明确。另外还有操作模式不统一，有左侧的按键操作，有右侧的旋钮操作，到底是先按键，还是先旋钮，这些容易引起用户的疑惑。

按键分项中的项目（如烘干中的标准）与旋钮中的项目（如强烘干和弱烘干）有交叉关系，容易引起用户理解上的困难。如果此洗衣机面向的用户是国内市场，那个英文的表达是否可以不要呢？因为界面的信息太多，用户会被如此多的不理解吓倒的。

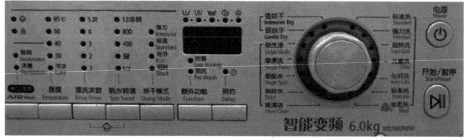

图3-36　洗衣机面板一

如图3-37所示，此款洗衣机的界面比图3-36的界面要简洁。操作流程比较清晰。对于整体布局遵循了顺序和分类原则。省略了英文的文字表达。但从图标上看，"+、-"图标的表达在认知上有些困难。

图3-37　洗衣机面板二

如图3-38所示，此款洗衣机的界面简洁时尚大方，操作流程清晰。对于整体布局也遵循了顺序和分类原则，并且图标的使用与人们生活中的认知相符合，所以易于理解。

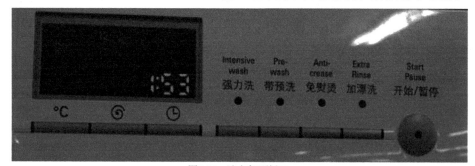

图3-38　洗衣机面板三

3.4　用户模型

用户模型是关于用户的系统知识体，它为设计师进行设计提供了有益的帮助。在设计每一个产品前，首先应该建立用户模型，这也是设计调查的主要目的之一。

3.4.1　有关用户的概念

产品的用户是广大的，这就决定了用户的多样性。设计者要对产品所面向的人群做一个细致的分析，以便用户各种模型的建立。

1. 用户分类

对于用户的定义，李乐山教授："产品的使用者就是用户。"滕守尧教授："使用者不一定是消费者，买'脑白金'的多数不会自己使用，买儿童用品的几乎不会是自己使用，所以对于这种产品营销手段上要针对消费者，设计手法上要针对使用者。如果设计上只顾包装上的美观，而不讲究质量，那就是背离了设计师的基本职业操守。"我们可以知道用户不一定是消费者，用户的范围要大于消费者。另外，产品的一部分使用者是潜在的，是即将或者有机会接触到此产品的人群。

根据用户对产品的使用经验及熟悉程度，用户可以为以下几种：

（1）新手用户

第一次使用产品的人或是还没有使用过产品、还没有学习操作知识的使用者，称为新手用户。对于新手用户来说，由于从来没有使用过产品，就必须综合他们已有类似的产品使用知识及经验从而学习产品的操作过程。新手用户是设计师的主要调查对象之一，从这些调查中，可以了解到他们已有的操作使用经验，从而解决面对新手用户怎样减少他们面向机器操作的学习。

（2）一般用户

一般用户也叫平均用户或普通用户。他们能够操作产品，但不能够对产品进行熟练操作，如果长期不操作，有可能忘记所学习的知识。在面临非正常操作情况或新问题时，往往不能解决。

（3）专家用户

专家用户又称为经验用户。首先，这样的用户对产品及其熟悉，他们不仅了解现有的产品，包括同类产品的类别、型号、厂家、细节、产品的操作性能，还对产品的不足之处，包括操作中容易出现的问题也了如指掌。其次，他们在产品所在领域通常具有 10 年以上的操作经验，当然在计算机这个行业，这个年限可以大大缩短。他们对产品的纵向发展历程及横向相关领域的信息都非常熟悉。最后，他们操作产品的许多技能都已经成为自动化的习惯，比设计师更有使用经验，并且由于大多数专家用户具有较高的信息分析和综合能力，往往可以对产品进行改革创新。

专家用户对设计者来讲十分重要。通过专家用户的访谈，设计师可以深入系统地全面了解用户的普遍特性，并汲取和总结他们的经验进一步发现问题。这对产品的创新有重要的意义。通过与专家用户的访谈，还有利于调查问卷的设计，使得设计的调查问卷能抓住关键，从而保证设计问卷的有效性。

（4）偶然用户

有些人不得不使用这个产品，例如，公用电话机；操作员不在时，自己用复印机复印一些资料。他们并不情愿使用这些东西，却又没有其他办法，这些人被称为偶然用户。偶然用户在使用产品时很典型的一种心理就是陌生感和惧怕感，总是担心哪一步操作错误，引起不必要的麻烦。消除偶然用户的这种心理，可以从多方面考虑，比如，增加产品界面的友好程度，采用一些方法改变产品的原有形象。最重要的是要引导偶然用户实现正确的操作过程。也就是让偶然用户了解自己做的每一步操作是否正确、下一步操作是什么。这就要设计者设计的产品界面满足用户的操作期待。

下面是对这四种用户的总结，如图3-39所示。

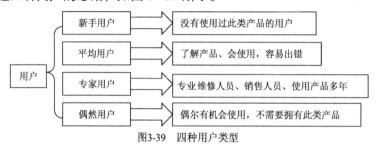

图3-39 四种用户类型

2. 用户分析

设计的产品所面向的人群具有不同的特征，对其进行细致的分析是产品满足用户需要的关键所在。用户的分析可以从生理特征和社会特征两个方面来进行。

用户的生理特征，也可以说是目标用户的生理特征。用户的生理特征包括性别、年龄、左右手倾向、视觉情况、是否有其他障碍等。不同的生理特征，具有不同的产品需求。比如，女性手机的需求，可能是美观时尚、色彩柔和、形状圆润。而男性手机可能就要求稳重大方、功能方便。

用户的社会特征包括生活地域、受教育程度、工作职位、经济收入、产品使用经验等。具体地说，就是在用户所居住的地域对产品有什么要求；用户是否受过高等教育，文化程度的高低，素质的高低；用户工作地点、环境是怎样的，每天工作时间是多少，时间如何分配；用户收入在哪一个等级；用户有无使用过同类产品，熟练度如何等。了解这些是为了更好地了解用户的需求，这些会直接影响所设计产品的产品风格、表达方式。

3.4.2 用户的价值观与需求

对工业设计师来说，设计什么、怎样设计，首先要考虑和了解用户的价值观念，这种价值观念决定了用户对什么样的产品是认可的。这种认可涉及信仰、文化、情感、认知、思维、行为等方面。这些因素对每个人的行为、选择、行动、评价起着关键的作用。

1. 用户的价值观

什么是价值？菲德认为"价值是经验的有机总和，它涵盖了过去经历的集中和抽象，它具有规范性和应该特性。"价值给人们提供了判断标准，影响人们对事件及行动的评价。价值也是人们情感寄托的基础。

任何文化都具有价值标准，它主要包括三个方面：第一，认知标准，各种文化中多年沉淀下来的对一般事物的普遍看法及对真理的认同标准。比如，中国人认为女性生孩子以后一定要"坐月子"，不能碰凉水。而西方的文化里，在女性生完孩子后第二天就可以吃冰激凌；第二，审美标准。我们中国人的审美中普遍认可柔和、婉约的东西为美。西方国家则认可几何的直线形为美；第三，道德标准，各种文化都具有道德的评判标准。尊老爱幼是我国的传统标准。而西方比较尊重个人的权利及隐私。

核心价值观念是一个人或者一个社会普遍认可并为之共同追求的价值观念。从社会层面上讲，中国以家庭为核心，"家和万事兴"。而西方，如美国的核心观念是个人英雄主义，认可个人奋斗实现个体价值。从产品设计层面上，工业革命二百年以内，人们都是认可"机器为中心"的核心价值观，而直到今天人们才越来越认可"以人为中心"的核心价值观。

任何一个产品的设计都是为了满足一定社会里一定人群的需要，那么了解他们的核心价值观念是至关重要的。设计师要抓住"以人为本"的价值核心，设计新的产品，满足人们的需要，而这些新的产品必须是符合人们的各种价值观念的，如审美观念、文化观念、认知观念等。

2. 目的需要和方式需要

对核心价值的具体的描述分类称为目的价值，实现目的价值的各种具体方式称为方式价值。目的价值是根本，方式价值可以直接对产品设计进行指导。目的价值对应的需要是目的需要，方式价值对应的是方式需要，如图 3-40 所示。

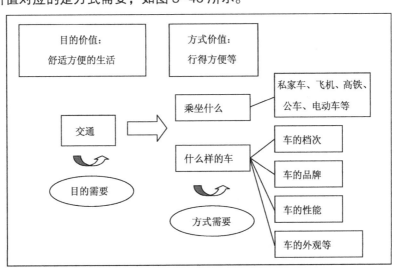

图3-40　目的需要与方式需要

对于设计师来讲，发现目的需要很重要，设计的多样性主要来自方式需要。设计师要在了解社会核心价值及个体核心价值的前提下，分析人们的目的需要及人们目的需要下的方式需要，从方式实现目的入手，开发新的产品，引领新产品发展的方向，从而影响人们的生活方式。

3.4.3 设计调查

设计师怎样才能发现人们的需要？只能是通过一定的调查来完成。这种调查是基础心理学基础上的调查。设计调查的主要目的是调查用户需要。这些需要主要包括：人类的生态需要、人类社会的持续生存需要、文化需要、操作使用需要、认知需要、审美需要及情感需要。

1. 设计调查与市场调查的区别

本章介绍了设计心理学的研究方法，其中包括比较成熟的社会学调查方法、心理学调查方法、市场调查方法等，但是针对设计来讲，系统的调查方法还有待完善。许多人用市场调查来代替设计调查，往往不能得到设计所需要的完整信息。下面分析一下设计调查与市场调查的区别：

① 设计调查以心理学和社会心理学为依据，目的是为了调查产品的使用特征。市场调查主要针对销售产品，反馈工作销售信息，很难发现市场上没有存在的产品信息。

② 设计调查可以整合社会及个体对全新产品的期待，开发全新产品。市场调查是为了清楚已有产品在整体市场的状态，从而保证企业的利润，只适用于已有产品的改良设计。

③ 设计调查中包含市场调查，市场调查是设计调查的一部分。设计调查往往从专家用户开始。通过对专家用户的访谈，有助于进一步发现各种具体调查问题，设计统计调查问卷，对特定问题进行一定数量统计调查。

2. 设计调查的方法

设计调查的方法主要来自实验心理学和社会心理学。这些调查是了解用户的主要途径。主要包括访谈法、问卷法、观察法、有声思维等。通过这些方法可以了解用户的文化（例如价值观念、行动方式、生活方式、审美心理等）、知觉期待和预测、感知方式、认知方式（注意方式、思维方式、理解方式、表达和交流方式、发现问题和解决问题方式、对符号的理解选择和决断方式等）、操作方式、情绪感受、学习方式和理解操做出错方式等。在进行具体调查时，往往要需要各种方法综合使用。

（1）访谈法

访谈法是为了了解用户的真实想法。因为设计者即使拥有经验丰富的人因学知识，也很难知道其他人真实的思维和行动方式。通过访谈，可以使自己成为专家用户，最重要最有效的调查对象就是调查几个专家用户，不限制问题，让他们放开思路进行比较深入的访谈。典型的专家用户可能是该产品的维修人员、有经验的销售经理、生产该产品的有经验的企业总经理等。其次，调查自己的亲朋好友及相关人群，与他们可以进行直接问答，能够较快地获得所需信息。设计者通过访谈，可以了解各类用户（新手用户、一般用户和专家用户）的特征。一般说，一次访谈需要 1 ~ 4 小时，可以由浅到深逐步深入，把相关问题全部弄清楚。

（2）调查问卷

把访谈后发现的问题进行分类，进行问卷统计调查。在访谈中，用户提出了各种观点和特性。多少人具有这些心理特性？大约用户可以分为哪几类？这些问题应该通过问卷统计进行调查。问卷设计应该便于用户简单回答，把填写问卷的时间大约控制在几分钟到半小时之间。

（3）观察法

通过观察用户的实际操作来了解用户的认知过程和行为特点。一般对用户观察分为两类：正常观察和非正常观察（包括非正常环境，如情况紧急时；非正常心理中，如疲劳时等）。观察他们的使用动机、操作过程、性情变化、喜好表露等，记录他们的操作过程。在观察过程中，要特别注意眼睛的移动方向，因为眼睛的移动表明了用户的操作意图。眼睛的视线方向反映了用户的注意方向，也就是他的操作意图，因此要注意观察用户的眼睛视线方向。另外，在此过程中注意要让用户连续进行而不能中断。在进行实验时，也可以使用录像机，把用户的操作过程拍摄下来。这种方法的优点是可以清楚地了解用户的行为过程，但思维过程不能被调查者所了解。

（4）有声思维

通过用户叙述自己的思维过程来了解用户的思维模式。在用户调查中最难了解的问题是用户操作中的思维过程，让用户在使用产品过程中，同时把自己的思维过程口述出来，并用摄像机把用户操作过程拍摄下来，以供分析使用。

（5）回顾法

这种方法是在用户操作结束后，写出对产品的印象、存在什么问题、什么操作不适应、什么东西难理解等。用户回顾的陈述可以提供对操作的大致评价，特别是对某些印象比较深刻的问题。这种方法不使用调查用户操作时的思维过程。

3. 设计调查的目的和内容

设计调查的目的有两个，如图3-41所示。

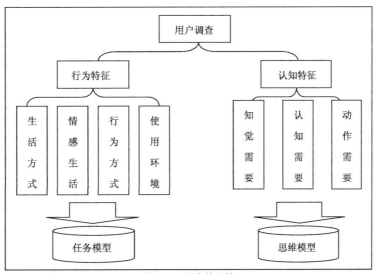

图3-41　调查的目的

（1）了解用户的行动特征

了解用户对该产品的目的动机，包括用户与产品有关的生活方式、情感生活、行为方式、各种使用环境和情景、用户的想象、用户的期待、用户的喜好。通过调查分析出用户的价值观念、需要、使用心理。在用户行动特征方面，主要了解他们的操作目的，操作计划、操作过程、对操作的评价。获取这些信息后，可以建立用户行动模型。

（2）了解用户的认知特征

了解用户操作过程和思维过程，从而发现用户需要，主要包括知觉需要、认知需要、动作需要等。在用户认知特征方面，主要了解他们的知觉特性、思维特性、理解特性、选择和决断特性及解决问题的特性。这些信息可以建立思维模型。

设计调查包含很多内容，主要包括：

（1）用户对该产品的基本看法

这涉及他们与该产品有关的生活方式、行为方式、使用目的等。

（2）用户学习使用的过程

在学习使用过程中，主要通过观察法和有声思维得到用户的思维过程。特别是用户在过程中表现出与自己想法不同的操作及使用方式；最关键的信息要调查多个用户，比较他们的想法，进行归纳总结。

（3）用户的操作过程

操作过程是设计调查过程中关键的方面，让用户完成一个任务。思考要做什么，怎么做，先干什么，后干什么。特别观察在使用物品前用户的思考过程，目标如何转化成意图，意图又如何转化成一系列的内在指令。通过操作过程的观察与记录，可以打破现存物品定式的思维模式，发现用户自发的思维模式。

（4）用户关于减少出错的各种建议

用户在使用产品的过程中，会出现各种各样的错误，对于经常出现的错误一定要特别注意，因为这类错误有可能是因为设计而引起的。认真聆听用户的建议对于改进产品的相关特性有重要的作用。

（5）使用感受及改进建议

通过用户访谈和用户操作过程来了解用户的使用感受，并让他们提出改进建议。在用户访谈中，专家用户的感受与建议是对设计非常有用的信息。在调查中，要听取专家用户的改进意见，特别是对于维修人员，他们知道这个产品哪方面容易出现差错，哪方面容易损坏，怎样可以避免，这是维修人员多年来修理工作中得出的经验。

（6）操作中的思维过程

操作中的思维过程是很难把握的，用户操作过程是伴随着思考的，如何了解用户这一思考过程？一方面通过有声思维，另一方面借助摄像等辅助，调查后再回顾。

（7）对图标、按键、界面布局的理解

图标、按键、界面布局是易用方面必须考虑的问题，图标、按键设计得是否合理对于操作的难易程度有很大的影响。

（8）各种使用环境和使用情景

在设计调查中，注明使用的环境和使用情景有助于后期的数理统计。因为，在不同的使用环境和使用情景下，用户的思维模式是有差异的。例如，在白天和夜晚不同的情景下操作同一个产品,用户的使用感受不同。也可以在调查用户操作行为过程中,设计一个特殊的情景,比如，因时间紧迫而迅速拨打电话，用户着急地寻找电话号码，拨号……整个过程属于非正常思维下的操作，利用其中得到的信息，可以设计紧急情况下的操作模式。比如，手机的快捷键就可以实现这种紧急操作。

（9）用户背景信息

该信息对产品进行市场细分及理解用户很有帮助。

4. 调查分析报告

对专家用户访谈后，不仅要写出用户调查过程和调查内容，更重要的是写出调查后的分析报告，目的是搞清楚哪些问题需要进一步进行统计调查，哪些信息可以用来建立用户模型。调查分析报告可以以思维模型为主线来写，也可以以用户的任务模型为主线来写，还可以综合起来一起写。

3.4.4　用户模型

用户模型是设计师应当具有的关于用户的系统知识体。例如，用户的要求、用户的价值观念、用户的行动特性、操作时的思维方式等。建立用户模型的意义在于帮助设计师在设计之前形成对产品的服务对象的整体知识体系，从而减少设计的盲目性，为设计提供可靠的理论依据。一个完善、合理的用户模型能帮助设计师理解用户特性和类别，理解用户动作、行为的含义，以便更好地控制系统功能的实现。建立用户模型的主要参考为行动心理学、认知心理学和社会心理学等。

1. 理性用户模型

理性用户模型是心理学家诺曼建立起来的。他把行动分为四个阶段:意图阶段、选择阶段、操作实施阶段、评价阶段。具体如下：

意图

选择

实施—评价

　　实施和评价

　　实施和评价

实施和评价

……

评价（总意图）

在上面的过程中，在意图阶段，用户心理形成操作目的意图。在选择阶段，用户的有些意图可以直接转化成一个行动，其他意图可能需要一定顺序的操作过程。在操作实施阶段，不断利用评价做出反馈。在行动结束时，做出总评价，评价的标准是是否符合行动的意图。

以上对行动的阶段理论高度抽象了各种行动的共同因素。但在各种具体的行动中所包含的心理因素远不止这四个。在任何操作中用户都可能包含发现问题、解决问题、尝试、选择和决策、学习等其他因素。所以说把行动分成四个阶段的用户模型是一种理想的行动模型，也是一种理性的用户模型，它忽略了行动中的具体特性。对于用户操作产品的具体行动，较难解决实际问题。

为了较好地解决设计师关于产品操作中的具体问题，李乐山建立起了非理性用户模型。他强调了建立任何一个具体的用户行动模型，都必须针对具体问题，进行具体分析。

2. 非理性用户模型

建立非理性用户模型的基本出发点除了考虑一般的理性因素外，还要考虑非正常情况下的情况。例如，非正常心理因素、非正常环境因素、非正常的操作状态对用户行动的影响。非理性用户模型打破了以往以理性思维为核心、不考虑用户的心理、惯用统一的模式调查，建立了数据库的设计模式。

非理性用户模型都是来自某个具体的设计对象，因为对象不同，知识体系就不同。许多用户模型在整体上基本相似，这是源于人的认知的普遍性，但涉及具体问题就会有所不同。例如，同样以产品设计为例，体力劳动工具的设计和脑力劳动的设计就会不同。所以面向某一类的设计问题，是没有作为标准统一的用户模型的。在进行实际产品的设计时，可以参考用户模型的设计方法，对每个具体的产品建立具体的用户模型。

一个用户行动模型主要应该描述用户操作特性，一般来说可以从两个方面进行分析和描述，用户的思维模型和用户任务模型。思维模型主要是观察分析用户的思维方式和思维过程。任务模型是观察分析用户的目的和行动过程。

（1）用户思维模型

思维模型是用户大脑内表达知识的方法，又称认知模型。例如，用户如何感知产品运行情况、怎么应付突发情况等。设计师考虑用户的思维操作方式，由此提供与之相符合的人机交流界面，可以很大程度地提高设计的可用性。

思维模型包含以下几个方面。第一是环境因素，它包括用户、其他相关人员、操作对象、社会环境与操作环境、操作情景。第二是用户的知识，它包括用户对一个产品的使用知识，也就是在以前的经验中所总结的关于产品的怎样操作的概念。第三是用户行动的组成因素，主要包括感知、思维、动作、情绪等。感知是指操作中用户的感知因素（如视觉、听觉、触觉等）和感知处理过程，带有目的性和方向性。比如，在操作计算机时，什么时候想看（寻找、区别、识别）什么东西，在什么位置上看，在什么方向上他想听什么，想感触什么样的操作器件。思维包括用户对操作的理解、对语言的表达和理解、用户的逻辑推理方式、解决问题方式、作决定的方式等。动作是指用户手和其他人体部位的操作过程。人的操作是由基本动作构成的，与动作习惯、操作环境和情景有关。

（2）用户任务模型

任务在心理学中被称为行动。按照动机心理学，一个行动包括 4 个基本过程，也就是理性模型的四个阶段。非理性用户任务模型更多关注情感、个性和动机等非认知因素。非理性用户的核心思想不存在普遍适用的用户任务模型，针对每一个具体设计项目，都必须进行用户行动过程的具体调查，系统了解他们的行动特性，建立具体的用户任务模型，用户行任务模型是指用户为了完成各种任务所采取的有目的的行动过程。用户操作产品的任务模型包括以下几个部分。

① 建立意图。用户的价值和需求决定其目的和动机。在使用操作产品时用户有许多动机和目的，怎样从可能的目的中选择一个目的，怎样把复杂的目的分解成若干个简单的子目的都是需要考虑的关键问题。

② 指定计划。为了实现目的和动机，用户要建立行动方式动机，也就是行动计划。行动计划是指确定时间、地点、操作对象、操作过程的计划。

③ 行动计划转化为产品的操作。人的思维到行动方式再到产品的执行方式实现转化的操作。

④ 行动执行。用户操作遇到什么问题，用什么策略去解决，用户每完成一步操作，都会通过各种感知把中间的结果与最终目的进行比较，然后纠正偏差继续行动或中断这一动作。

⑤ 进行评估。完成行动后要检验评价动作的行动结果。对可能性设计来说，要发现用户的全部目的期望，全部可能的操作计划和过程，全部可能的检验评价结果的方法。评估的结果最终可能产生新的意向。

3.5　用户的出错

产品在用户的使用过程中经常会遇到操做出错的问题。也可以说，出错是用户的基本属性之一。20 世纪 80 年代后出现过飞机、核电站、大型油轮的严重事故，进入 21 世纪，技术的飞速发展同样避免不了事故的发生。2011 年 7 月中国高铁在通车不久出现重大事故；海上采油公司也出现漏油事件。这些事故是不是可以避免？人们是不是可以从中吸收什么教训？就产品设计来说，分析用户出错的原因可以在设计中注意避免此类问题的产生。

3.5.1　三种概念模型

一个好的设计可以避免一些错误的产生。我们可以从产品的三种模型角度来分析一下用户在操作产品过程中，错误是怎样产生的。

1. 产品设计模型

机械或程序是如何实际工作的表示被 Donald Norman（1989）和其他人叫做系统模型。任何机械都是由机械装置达到它的功能的。比如，电影放映机用一系列杂乱的运动部件来产生影像，在不到一秒的时间里它用强光照过一张半透明的、微小的图像。然后挡住光线在一个瞬间同时把下一张小图像移进来，接着去掉光线的遮挡。每秒内这个过程重复 24 次。系统设计模型在很大程度上是技术模型，而为使其技术模型能够被用户很容易的理解，往往要经过设计人员在对用户的知识结构了解的基础上，建立一个容易被接受的用户设计模型。而此用户设计模型并不一定就和系统模型相符合。它往往是经过简化，并且符合人们常规认知的一个概念模型。在具体的设计过程中，可以通过建立用户模型来分析、反映有关的内容。

2. 用户思维模型

用户思维模型是指用户在与系统交互作用的过程中形成的心理模型。人们习惯对事物加以解释，一种物品的心理模型大多产生于人们对该物品可感知到的功能和可视结构进行解释的过程中。这就形成了针对事物作用方式、事情发生过程和人类行为方式的概念模型，即思维模型。用户思维模型的产生依赖于用户的知识结构。对于用户来讲，如果产品是全新的，用户就要通过系统的外观、操作方法、对操作动作的反应，以及用户手册来建立概念模型。换句话说，用户思维模型的产生依据是实际操作前、操作中和操作后的知觉特性和认知特性，以及产品手册。如果产品对用户来说不是全新的，那么他的思维模型是建立在原有对此产品认知的思维模型基础之上，通过知觉特性和认知特性再进一步修正，从而形成对现有产品的思维模型。

3. 产品系统表象

系统表象（Systemimage）是设计师所设计的产品的行为外观、系统模型的表象。当系统表象杂乱或不恰当时，用户就会觉得该物品操作起来很难。表象包括设计人员所设计出的产品的形态、色彩、大小等用户能感知的元素及所提供的关于产品的功能和操作有关的用户手册和产品资料等。

三种模型是产品在不同的设计阶段确定的不同模型，它们之间的关系如图 3-42 所示。

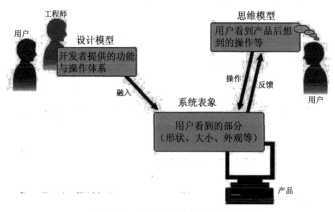

图3-42　三种模型之间的关系

在用户的认知过程中，用户首先看到的是系统表象。用户根据自己的经验、以及客观的认知规律，把系统表象反映到自己的大脑中形成了对产品概念模型的认知，并在此基础上，进行动作过程，在不断的反馈中验证自己的认知，完成操作。也就是说思维模型是在看到产品后开始形成的。用户将系统表象作为信息来认知，形成思维模型。系统设计模型由于是技术人员所建立的概念模型，这个模型往往太过专业，技术性较强。而对于产品的最终使用者来讲，只是建立容易理解和正确操作有关的用户设计模型即可。怎样才能有助于用户建立正确的设计模型呢？这就是工业设计人员必须做的。产品的实用性取决于产品开发者的意图能在多大程度上以思维模型的方式准确地传达下去。工业设计人员要使其建立的概念模型接近于用户思维模型，两者越接近，产品的易用性就越好。但问题是，设计人员无法与用户直接交流，必须通过系统表象这种渠道，人们要通过用户界面来认知功能。如果系统表象不能清晰、准确地反映出设计模型，用户就会在使用过程中建立错误的概念模型。因此，系统表象格外重要。

用户在操作产品时，根据自己所理解的操作模式来进行操作。而这个操作的模式是设计师首先要确定的。当设计模型中设计师的思维与用户的思维不相符合时，就会出现用户的操作错误。即使设计模型与思维模型是相似的，但在从设计到产品过程中表达这个设计模型的时候，系统表象表达得不充分，设计者所使用的外观、大小、符号、布局等与用户的理解有偏差，也会导致用户出现不同的理解，从而出现操作的失误。

总之，这三个模式是紧密相连的。用户思维模型决定了用户对产品的理解方式。设计人员掌握着引导产品使用方法的设计模型，决定了产品的操作方法是否易学易用。将设计模型具体化的是产品的系统表象，用户根据系统表象产生思维模型。设计人员应该保证产品的系统表象设计能够反映出所建立的产品设计模型。只有这样，用户才能建立恰当的模型，将意图转化为正确的操作，从而减少用户的出错。

3.5.2　用户出错的类型

Reason（1990 年）按照心理学方式定义了出错的概念，"错误（Error）被看做一个普通术语，包含下列各种情况，一个有计划、有顺序的心理或体力活动没能达到预期的结果，并且这些失败不能被归结于一个改变的中介引起的干涉。"在这个定义之中，我们看到如果一个有计划、有顺序的心理出错，可能是在心理活动计划的初期或动机形成时期出现的不正确的意图，也可能是顺序的心理过程在执行过程中出现了转换的偏离。另一个体力活动没能达到预期的结果的情况，是和动作的过程直接有关的。

心理学家通过对出错进行分类的方法对操作中的出错问题进行了研究。丹麦心理学家Rasmussen 将人的活动与决策分为三类：技能行为、规则行为和知识行为。在此基础上，Reason 将人的出错分为如下三种类型：

① 失策（Mistake）。在形成意图的最初就出现了错误。也就是在完成某项活动时，方向根本就不对，南辕北辙。在操作产品上往往是对产品的主要的功能、产品给用户带来的预期

结果不清楚。比如，想用打印机去复印文件等。

② 失误（Lapse）。是指在操作过程中实施分步过程的转换时出现了偏离，不能完成最初的操作意图。

③ 失手（Alip）。是指在操作过程的具体动作中出现了动作不到位，或者出现了另外没有计划的动作。比如，想去把圆珠笔从左手递到右手，但是由于失手却把圆珠笔掉到了地上。

在这三种错误中，第一种失策往往出现在规则行为和知识行为中。因为在规则行为和知识行为中，规则和知识是形成意图的前提，这些规则和知识驱动了意图的产生。如果意图错误，在这两种行为中失策是最主要的失效形式。

对于规则行为这样的失策有两种情况。一种是错误地使用了被证实过正确的规则。由于使用规则的具体环境的改变，或者使用规则的条件的不同，都可能造成原来正确的规则现在不再适用。另一种是使用了不正确的规则。由于主观主体判断失误的原因，或者在没有选择的情况下，可能使用了不适合的规则，从而产生了失策。

对于知识行为中的失策，情况比较复杂。知识行为中的主要控制方式是反馈控制，通过现场信息反馈去修正行为，减少当前状态与目标状态之间的差异。如果反馈过程中的某一环节出现问题就会产生失策。其中很大一部分原因是由于理论知识只是一种概述，而没有提供具体情况下的办法，现实的情况又千差万别，所以忽略现场中的重要要素，判断带有偏差、偏执、片面地看待事情、错觉、不能把握因果关系等都会导致知识行为中的失策。

在技能行为中，操作过程不是通过反馈来完成的，而是通过存储的成套操作动作、固定的操作模式和规则进行前馈控制的。失误和失手多在技能行为中产生，主要是由疏忽（Inattention）和过分注意（Overattention）产生的，具体分析如图 3-43 所示。

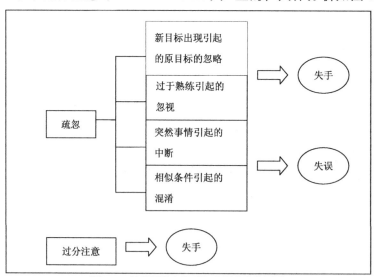

图3-43 技能行为中失手和失误产生的原因

3.5.3　设计引起的用户出错

用户在操作产品时经常会出现错误，这是难以避免的。但是，如果许多用户在操作同一个产品时，却总是犯相同的一个错误，这时，我们就应该好好思考一下，这个错误是不是设计师所做的设计所引起的呢。

现在汽车已经走向普及，我们通过调节汽车驾驶室的操控面板来控制车内温度的时候，有一个问题，如果想把低的温度调得高一些，应该怎么做呢？这涉及两个旋钮，一个是温控旋钮，一个是风扇旋钮（见图3–44）。据测试，人们第一反应是把风扇从高挡调到最低挡，比如，从3挡调到1挡。但是风扇控制的是入风量，调整温度的最有效方法应该是调整温控开关。这种错误操作的原因与设计有关。首先，在大多数车内，温控开关（最右侧的开关）是无刻度的，风扇开关（中间开关）是有刻度的。温控因为没有刻度及量化的数字，所以我们对温度的提示是含混不清的。而风扇开关是以等级来量化的，也符合日常生活中人们对风扇的操作风量大小的认可。所以从这个方面上说，我们潜意识里优先选择了控制比较精确的风扇开关。另外，从面板的三个操控旋钮的位置来讲，风扇在中间，温控在右侧，风扇距离驾驶者比较近，用起来更加方便，所以优先选择了这个旋钮。

图3-44　老版伊兰特的操控面板

在后续的操控面板设计中，设计者可能注意到了这个问题。新版的伊兰特操控面板变换了温控旋钮的位置（见图3–45），使之距离驾驶员最近，并且在旋钮的造型上选择了圆形带红色刻度标记的方式代替了原来的造型，使之更加易于操作者的理解。

图3-45　新版伊兰特的操控面板

在温控旋钮的准确表达方面，奥迪 TT 的面板（见图 3-46）直接用温度来表示，这样更符合人们对温度的表达与认知模式，是较好的一个设计。

图3-46　奥迪TT的操控面板

在实际生活中，设计引起的出错还是很多的。过去在机械工厂都出现过冲床操作事故，那就是因为使用者用脚在控制脚控开关的同时，双手还要兼顾工件的加工。那么这种设计引起的出错，从设计师的角度来讲主要原因有以下两点：

一是主观上，设计思想认识不足，没有以用户为中心进行设计。具体表现为从自己的专业知识出发，不了解用户的思维模式，喜欢标新立异表达自己的个性，喜欢随意改换操作界面和操作流程，设计新奇的符号表达等。

二是客观上，对与用户操作有关的信息表达得不充分。具体表现为造型所给的知觉暗示不明显，没有建立正确的反馈，设计的不直观、不可见、不简洁，限制不足，没有选择直接表述结果的方式，有过多的操作记忆等。

3.5.4　避免设计出错的设计原则

在产品设计时，要遵循一定的设计原则，如果这些设计原则是以用户为中心总结出来的、切实可行的一般规则，那么设计师所设计的产品就具有较好的易用性，也就减少了用户的出错概率。避免设计出错的设计原则一般有匹配性原则、限制性原则、沿袭性原则、简便性原则和交互性原则。

1. 匹配性原则

所谓匹配，就是指两事物之间的相关性。这种相关性规则与人的感知特征符合，使用户自然而然地把两者联系起来，就是对应性。其目的是为了让使用者可以直观明了地接受物理关系中的匹配关系不会受到歧义的理解。

从操作方式上来说，设计的结构形状与人感知到的操作方式相对应。简单地说就是设计要素（如形状、结构、布局等）为操作行为及信息的传递起着提示、暗示的作用。设计的形状与结构反提示了正确的操作方式。因此用户在使用产品时，用户感受的并不是外观的几何结构，而是零部件的整体结构、部件之间的组装结构、功能结构、与操作有关的操作结构。

如图 3-47 所示是一组不同形状的把手，这些把手的不同形状提示了不同的开启操作方式。图 3-47（a）中的把手给我们的提示是下压的操作。图 3-47（b）中的圆柱形状提示我们是旋转的动作操作。图3-47(c)中的拉手其环状的外形给我们的是往外拉拽的操作。图3-47（d）中的汽车把手让我们很自然地去握住以拉的动作方式来拉开车门。而图 3-47（e）中的汽车把手形状方式提示让我们用抠的动作来完成开车门的过程。

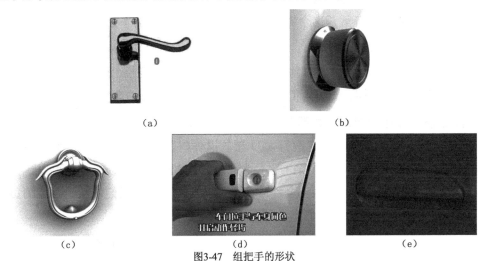

（a）　　　　　　　　　　　　　　　（b）

（c）　　　　　（d）　　　　　　（e）

图3-47　组把手的形状

好的产品其外形可以反映其内部结构的形式，从而提示正确的操作。如图 3-48 所示，为两种不同结构的打火机。图 3-48（a）所示的这款打火机其运动方式是手用力后，打火机上部沿弧度滑动。其外部形状上采用与此相对应的弧线的表达方式。图 3-48（b）所示的这款打火机，其内部的运动方式是垂直向下的，外部也采用了与此项匹配的竖条的形式来表达。这样人们对产品的操作性能就可一目了然，避免了操作的错误，这正是匹配性带给我们的好处。

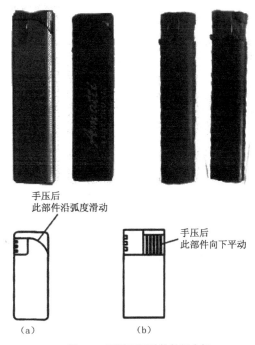

手压后
此部件沿弧度滑动

手压后
此部件向下平动

（a）　　　　　　　（b）

图3-48　两种不同结构的打火机

2. 限制性原则

限制性是指通过使用非通用性的形状和结构来减少用户的操作范围，使他们认识到正确的操作方式，并对此做出正确地反映。另外，限制因素并不一定是有形的物理结构，诺曼就把非物质的、某种强制性的、必须遵守的规则称为强迫性功能。比如，我们在使用直板手机时，往往有一个是锁定键，只有解开这个键，才能进行操作。这是为了让手机不会在一定情况下自动拨出电话，是出于安全性的需要。

限制性用途的使用增加了产品操作的准确性、安全性、稳定性，但也会带来负面的影响，比如，增加了人的认知负担，影响人们的操作情绪等，所以在设立限制性用途中要慎重考虑。

我们看这样一款手提电脑，如图 3-49 所示。电脑的左侧有一系列的插口，各种插口各不相同，其中两个是 U 盘插口。在进行插 U 盘的操作时，因为不一样的结构插口限制了 U盘的插入范围，我们只有在正确的插口上才能完成正确的操作步骤，这样也可以认为是一种限制性用途。这保护了产品使用的安全性、稳定性。当然这也给我们增加了一定的负担，必须保证 USB 母口和公口相配合才可以完成操作。

图3-49 USB 接口

3. 沿袭性原则

沿袭性是指设计师在设计产品时，要注意调查用户的使用习惯，对于用户已经习惯的操作或模式，不要轻易改变。因为用户在使用产品的过程中一旦养成某种习惯，就很难改变。我们都有过这样的感受，如果新更换手机，一般沿袭一个品牌的比较好操作，因为同一个品牌的产品其操作思路有一定的延续性。完全陌生的操作方式与流程给我们带来的是长时间的适应过程。例如，现在计算机的操作系统 Windows 7，其功能、界面、安全性、易用性等各方面都超过了 Windows XP，但是 Windows XP 的市场份额依然居高难下。这是因为养成习惯的用户会对产品产生强大的依赖性，所以不要轻易改变产品长期建立起得操作模式。

4. 简便性原则

简便性体现在产品设计模型符合用户思维模型，简单、方便、实用。还体现在所建立的产品系统表象易于理解，没有复杂难懂或含混的表达。这也要求设计师不以美观性作为评判外观形态及符号表达的唯一标准。

操作模式方面，如果对于用户来讲，整个操作过程步骤多、动作要求精细、难度高，那么设计师可以考虑用自动化的方式或感性直观的方式来解决这个操作模式。旧式照相机的操作比较复杂，需要调整光圈及拍摄速度等，而这些数据的选取需要有一定的专业知识，这使得旧式照相机并不普及。后来人们推出了傻瓜相机，也就是全自动相机。操作模式就变成了按快门这么简单的一个行为，这使得照相机的出错问题大大减少，照相机也得到了普及。

5. 交互性原则

交互性是指产品和用户之间进行及时沟通，引导用户完成操作过程，并在操作中及时了解进行中的状态信息，这就需要产品的及时反馈。用户根据这些反馈来确定所进行的步骤是否正确，是否需要中断操作。在具体的操作中，反馈内容包括该操作步骤是否正确、该步骤完成了的功能、该步骤进入了什么状态、下一步如何操作等。反馈大多是视觉反馈，也有声音反馈。例如，用全自动洗衣机洗衣服，过程完成后，就会有声音提示全过程已经完成。

在计算机的使用中，视觉反馈时时存在。比如，在复制文件时，我们就可以通过界面看到移动的文件及文件复制移动的状态，如图3-50所示。

图3-50　文件的复制状态显示

把U盘插入接口后，U盘的指示灯发出亮光，这就说明U盘在正常使用中，如图3-51所示。

图3-51　U盘

设计产品时，在用户执行操作前为用户提供清晰准确的操作引导，在用户执行操作后，给出及时有效的反馈，这样就将他们的注意力吸引到了操作的对象上，可以避免用户犯一些无心的错误。

复习思考题

1. 选择一款家电产品，分析用户在使用时都有哪些感觉在起作用。

2. 格式塔的知觉规律有哪些?

3. 怎样理解"人境合一"、"物我合一"、"知行合一"?

4. 在产品设计过程中，从哪些方面来考虑满足用户的知觉需要?

5. 人的日常思维有哪些方式?

6. 用户任务模型的含义是什么?

7. 设计中避免出错的原则有哪些?

8. 选择一款家电产品，分析其界面设计。找出设计的合理地方，还有哪些地方需要改进。

第4章
审美心理与设计

本章重点

◆ 设计的审美及其心理过程。

◆ 产品设计中美的体现。

◆ 中国传统文化与审美心理。

◆ 设计师的审美与设计。

学习目的

通过本章的学习，了解设计审美及其心理过程；了解产品设计中体现的美；掌握中西方不同文化背景下不同的审美心理。使设计师明白怎样提高自己的审美能力与审美水平。

4.1 设计的审美心理

审美心理学是研究和阐释人类在审美过程中心理活动规律的心理学分支。所谓审美主要是指美感的产生和体验，而心理活动则指人的知、情、意。因此审美心理学也可以说是一门研究和阐释人们美感的产生和体验中的知、情、意的活动过程，以及个性倾向规律的学科。审美心理学也是美学与心理学之间的边缘学科。

4.1.1 美的本质和特征

美具有各种各样的形式，透过其不同的形式，我们可以看到在创造美的过程中人的能动力量。美不仅是客观的自然存在，也是客观的社会存在，美不能离开人而独立存在。

1. 美的含义

对于美人人向往，但是什么是美，并不是每个人都说的清楚。一般来说，美包括五个含义：一是形境之美，表述为美丽、漂亮、好看。比如，人感受到时尚流行的产品的美，美丽的秋天的风景等；二是行动之后的美，美体现在行动的结果上，比如，锻炼身体后形体更美，打扫卫生使环境变得美；三是满意之美，比如，购买的产品令人特别满意，心理感受很美；四是实现之美，表现为美梦成为现实；五是憧憬之美，是一种向往的心态，如美好的愿望等。

俄国唯物主义美学家车尔尼雪夫斯基（1828–1889）认为"美的事物在人心中所唤起的感觉，是类似我们当着亲爱的人面前洋溢于我们心中的那种愉快，我们无私的爱美，我们欣赏它、喜欢它，如同喜欢我们亲爱的人一样。"

2. 美的本质

马克思认为，美诞生于人类的社会实践活动。人类从古到今一直进行着社会实践活动。最初是人类为了生存而进行生产劳动，生产工具是信手拈来的，不会特别注重工具的形态，后来人类对工具进行改进，工具好用了，也精致了。人类在此过程中也意识到了自己的能力，感觉到劳动工具引起的情感上的愉悦与满足，产生了对美的追求。这也形成了以人类为主体，工具为客体的审美关系，美就诞生了。从中可以看出，审美活动由审美主体的人与审美客体的事物两种因素构成，人与客观世界相互作用产生了美。

"美是人的本质力量的感性显现"，这是马克思对美的本质的论说。人的本质力量是指在认识世界和改造世界的实践活动中，形成并发展的主观能动作用，也就是人的因素第一。表现为人类特有的智慧、情感、能力、意志、理想等。人的本质力量在实践活动中的感性显现，即感觉和知觉的显露与表现，不但成为了人类实践中的能动力量，成为推动人类社会发展的推动力量，而且也是产生美、创造美的巨大力量。

人的本质力量不但改造了世界，创造了美，而且还在设计活动中展示了人的本质力量，设计活动不但拉开了人与动物的距离，而且使人类社会更加美好。

3. 美的特征

（1）美的形象性

美以具体的事物来体现，美是形象的、生动的、能被人的感觉器官所感知的。在人们的身边，有自然的形象、社会的形象、艺术的形象、设计的形象等，都是感知的审美对象。大自然的美千姿百态，令人震撼。设计活动中吸收大自然的精华，创造具体的、生动的形象；设计者面临的思考是怎样与大自然和谐共存。在人类的一切领域中，美以不同的形态展示美的生动具体的形象。

（2）美的感染性

由于美具有感染性，美才能使人感动、愉悦，引起情感的共鸣。美学的先哲柏拉图是第一位提出美具有愉悦与感染性的人，他指出美的事物不但能让你愉悦，而且还受到感染。人类的愿望、人生的价值，必然能唤起人在心理上的喜悦、精神上的满足。自然界的一切美景感染了艺术家，使他们创造了各种各样的艺术品。这些创作就是美的感染性激发创造灵感后的产物。

（3）美的相对性

美是发展的、变化的，而且也是不断丰富的，美具有相对性。由于人的本质力量不断的提升，每个时代和社会对美的审视也是不同的，美的形式和评判标准也是不断变化的。作为审美主体的人，其审美的角度、个人的喜好、品味、素养、身份、地位、人生追求等的不同，审美的感觉和结果也就不尽相同。任何事物都是与其他事物紧密相连的，互为作用、发展的，其关系的改变也必然会影响着审美对象的审美属性。即使审美对象是同一个，"情人眼里出西施"，随着关系的改变，西施也许就变成了黄脸婆。

（4）美的绝对性

美具有绝对性，美是普遍的、永恒的。美的事物有其自身质的规定性，是有一定的客观标准的。如果事物符合了这种美的客观标准，那么它就是永恒的。例如，张衡的地动仪，聪明的构想，巧夺天工的造型，成为设计的经典。它以永恒的审美价值，留给后人审美的享受。

（5）美的社会性

人类的实践创造了美，使美成为一种社会的存在物，具有社会的属性。美是人类自由的、自觉的创造世界的结果，随着人的本质力量对社会发展的不断作用，美在不断地丰富与发展。当黄金以一种元素散在河沙中，虽然也是客观存在的矿藏，但只有经过人们的开采、冶炼、加工制作，才能使它熠熠生辉，展示美的风采。

4.1.2　设计审美

设计的审美活动不同于一般的活动，它是特有的审美心理活动。我们可以从设计的审美对象、设计的审美关系、设计的审美主体等方面来认识它。

1. 设计的审美活动

审美活动又称为审美，是指人观察、发现、感受、体验及审视等特有的审美的心理活动。在审美活动中，首先由人的审美功能与心理功能相互作用，将看到的、听到的、触摸到的感知形象，转化为信息，经过大脑的加工、转换与组合，形成审美感受和理解。这也是人在认知活动中从生动直观到理解性思维的过程。而对具体可感的形象，又会产生形象思维的过程，引起人的联想、想象、抒发情感活动和审美的创造活动。所以，审美活动的高级心理活动在于挖掘客观世界中潜在的内涵与意蕴，淡泊了物质世界的功利性，专注于精神世界功利性的认识与创造。

设计的审美活动不同于一般所指的审美活动，设计审美活动不是被动的感知，而是一种主动积极的审美感受；既不是对世界的纯科学的理性认识，也不是对世界的功利的需要；而是由积淀着理性内容的审美感受经过感知、想象主动接受美的感染，领悟情感上的满足与愉悦，在设计审美中展示自身的本质力量。

人之初，先有为生存的劳动，之后萌发审美的意念，注重客观对象的实用价值，而不是审美价值。只有人类的实践活动和生产力发展到了一定水平，生存有了基本的保障时，审美才逐渐成为独立的心理活动，并不断发展与完善。设计的审美活动是从精神上认识世界、改造世界的方式之一，所以认识美、创造美的活动是人的本质力量感性显现的主要渠道。

2. 设计的审美关系

在审美客体与审美主体构成的客观基础上，人在审美活动中与客观世界产生的美与创造美的关系，即人与客观存在的审美关系。最早提出美学关系的是俄国美学家车尔尼雪夫斯基，他主张和谐的审美关系构建美好生活。审美关系包括：人与审美对象的时间关系；人的意识与客观事物的审美关系；人反作用于客观现实、创造美、发展美的关系；人与现实的政治、经济、伦理关系；认识情感与意志的关系等。它们之间相互制约。

设计的审美关系是指设计与自然构成了审美关系。设计活动不但提供了人类索取自然、改造自然的工具与手段，而且设计还吸收了自然的灵气。设计促发灵感，模拟自然界的生物，设计制造了仿生器械。设计与社会构成了审美关系，使人从动物的人、物质的人变成社会的人、审美的人；设计与设计成果构成审美关系，其实质是设计者对设计成果的精神把握和对自身本质力量的肯定。

在设计的审美关系中，**客体制约着主体**。比如，自然界可以利用的能源、可以开发的资源越来越少，成为制约设计的瓶颈，人类的活动破坏了生态环境。人自身受到了威胁，而人们对生存环境与生存质量的审美需求却越来越高。这些客观因素要求设计者发挥主观能动性，不断发现和改造客体，使审美对象具有人的社会内容，渗透进设计者的思想；沟通设计者与客体的联系，锻炼设计者的审美、创造美的能力，使设计者从审美上认识客体，并改造客体。

3. 设计的审美对象

审美对象即审美客体，是指主体认识、欣赏、体验、评价与改造的具有审美物质的客观事物。审美对象有以下特性：第一，审美对象具有形象性。如客观事物的形状、色彩、质地、光影与音响等；第二，审美对象具有丰富性。如人们对客观事物的"大千世界，无奇不有"的形容，说明审美对象是丰富多彩的；第三，审美对象具有独特性。每一个审美对象都有各自的实质与特征；第四，审美对象最重要的特征是具有美的感染性。美的事物能吸引人、帮助人、愉悦人，能使人达到荡起回肠的程度。

设计的审美对象主要是设计的成果。设计活动既要按照美的规律，又要根据人的审美需要改造与创新，以自然、社会、艺术为审美对象，使设计的成果能激起人的审美感受和审美评价，使设计成果成为人的审美对象，并推动审美对象的发展。

设计的审美对象范围十分广泛。这是因为设计涉及自然、社会、艺术等人类活动的一切领域。凡是与设计确立了特定的审美关系，能够激起人审美意识活动的事物，都是设计的审美对象。其中既包括具体可感的客观自然界，也包括人类社会及艺术领域。

4. 设计的审美主体

人是审美的主体，即认识、欣赏、评价审美对象的主体，包括个人和群体。审美主体与审美客体构成审美关系。人是既有实践能力又富于创造性的审美主体，客观实践离开了人就不能成为审美对象，只有人既有生理的、物质的需要，又有精神的、审美的需要，并有创造美的能力和意志。

设计者通过客观世界的审美感受，以审美主体的意志创造了设计的成果，为使用与欣赏提供了审美对象，所以，包括设计者在内的每一个人都是设计成果的审美主体，也是以客观世界为审美对象的审美主体。因此，无论是设计者还是使用欣赏者，作为审美主体都存在着复杂性、差异性和发展性。

设计中的审美主体的复杂性是由于设计者本身也是社会群体中的人，有着生理的、物质的需要，还有审美的、精神的需要，更有改造客观世界、创造美的需要。另外，由于设计的范围广泛，设计是人类生存与发展的起始活动，因此设计者要比普通审美主体更为复杂。

设计中的审美主体的差异性表现在每个人的审美意识与观念本身就不同，即使是设计者面对同一设计对象，设计构想方案与审美创造目标也会多种多样。另外，人们使用与欣赏的审美需求的多样性，也要求设计的审美主体具备差异性，以满足不同审美心理、不同层次的需要。

设计中的审美主体的发展性是由设计的本质决定的。因为只有不断地创造美，发展美，才能使设计成果不断丰富化。审美主体变化与发展的观念，是设计的永恒主题，是提高人类生存质量，推动社会进步的重要因素。因此，只有发展，设计活动才有存在的意义。

4.1.3 设计审美的心理过程

设计的审美心理过程是在人的原有心理结构的基础上，审美心理活动的发生、发展和发挥能动作用的过程。其中包括第一阶段的审美心理认识过程，即由感受、知觉、表象到记忆分析、综合、联想、想象再到判断、意念理解的过程；第二阶段进入情感过程，产生审美的心境、热情、抒情和移情共鸣、逆反等情绪活动；第三阶段是审美的意志过程，包括目的、决心、计划、行为、毅力等。

1. 审美的心理内容

审美的心理内容包括六个方面，它们分别是：第一，审美的心理基础。人的感觉器官是审美信息的接受系统，如审美感受的感受力、大脑中枢机能、效应机能等，构成审美活动的审美基础；第二，审美的感性形态。审美表象、意象是客观形象的信息，使审美对象显示出具体可感性，成为审美的感性形态；第三，审美的观念意识。审美观点、审美概念、知识经验的积累与存储，构成了审美观念意识的理性内容；第四，审美的情感。在审美活动中产生的情感、情绪、情愫、态度、欲望与趣味，既是审美心理的核心内容，又是审美创造的内在驱动力；第五，审美的意志。如审美的目的、动机、理想、毅力与自制力等，是进行审美创造的持续动力；第六，审美的创造力。如审美想象力、联想力，不单是审美创造的根本动力，也是审美活动归宿的根本力量。

2. 审美的心理过程

由感觉到认知，由认知到情感，由情感到意志，审美心理过程与人的其他心理活动方式一样，经历着认知过程、情感过程与意志过程。

审美心理的认知过程是指在一定的生理机制的基础上，特定社会活动、客观事物审美特性和主体审美实践内化的过程。受对象和特定环境的制约，又贯穿着主观能动性。从具体过程上讲，审美心理的认知过程是在感觉与直觉审美表象的基础上，经过观察与记忆引起对审美对象的思维与想象，形成审美意象的过程，是由接受审美形象刺激到能动的创造过程。

审美心理经历了认知心理以后，审美的人产生了自我意识，形成具有主观倾向性的审美态度和情绪体验。审美态度是人们在审美活动之初的特性心理状态，如肯定或否定、旁观或介入、积极或消极、重理智或重感情等态度。情绪体验包括审美情感、审美共鸣和审美感受。审美情感是人对客体审美特征是否符合自己的需要而产生的主观体验。

审美共鸣是指审美主体与审美客体的思想、情感契合相通、和谐一致的心理现象，是一种鲜明强烈的情感态度。审美感受是审美活动的结果，也是审美创造的开端。审美创造的主体首先应对审美形态有丰富的审美感知与接收，扩大审美的范畴，为审美创造创造条件。

审美心理的意志过程是审美心理过程的最后阶段。在审美活动中，人的审美认知与审美情感活动需要一种内在的力量来控制、调节，这种力量便是审美的意志。审美心理的意志过程包括审美的意识、理想、经验、价值与意志等。

3. 审美心理特征

（1）审美心理的自觉性

每一个人都有审美、求新、求异、求变的心理与欲望。当人处于特定的境遇或最佳的审美心理过程中，或者怀着特定目的进行审美、创造美时，会自觉寻觅、选择适应自己需要的审美对象，自觉地调动信息存储、审美经验以丰富审美心理。

审美心理的自觉性对设计活动有特别的意义，因为只有主动自觉的审美心理，才有设计审美的驱动力，才有"尽其心，养其性，反求诸已，万物皆备于我"的创造心理的境界，才能以设计成果为审美对象，坐等人们的审美。

（2）审美心理的独特性

审美创造是一种创造性思维的活动，尤其讲究独特性。这是由于时代、阶层、民族、地域等因素；由于生活实践、审美实践、传承的文化不同、审美的途径与方式不同，造成审美心理的独特性。比如，现代人的审美心理比原始人丰富；文化艺术发达地区的人比落后地区的人丰富；文化艺术素养高的人比经验少、素养低的人丰富等，从而表现出对同一审美对象美感的差异性，从不同角度满足各种类型的审美心理

（3）审美心理的普遍性

人的审美心理存在着差异性、独特性，也存在着共同性、普遍性，而且在一定条件下，同与异还可以相互转化。由于人们时间的领域、目的、方式、手段等客观存在着历史的连续性、继承性，审美观念与审美心理也存在着共同性、相似性，因而，当人们从这些共同的审美心理出发，面对同一审美对象，就可能产生共同的美感。先人们留下的文化遗产，到今天还被人们视为珍宝，甚至兴叹今人不如古人；不同地域，不同民族的文化艺术可以相互交流，都反映了审美心理存在着共同性。

4.2　产品设计中美的体现

美是抽象的，美又是具体的。对于产品设计来说，通过对产品的造型、材料、颜色的设计，结合先进技术，可以体现不同的形式美。另外，通过人与产品的交互，可以使人得到深层次的美的体验，满足情感的需要。产品设计中美的体现的最高层次是追求的和谐之美，这也是当今时代发展的主旋律。

4.2.1　产品的形式之美

随着社会的不断发展，科学技术日新月异，当技术相对于产品来说不再成为主要问题的时候，形式审美就显示出越来越重要的作用。

1. 产品的形式美是内在的功能美与外在形式美的有机结合

美学家克莱夫·贝尔在他的著作《艺术》中指出："一种艺术品的根本性质是有意味的形式"。它包括意味和形式两个方面："意味"就是审美情感，"形式"就是构成作品的各种因素及其相互之间的一种关系。

一件作品通过点、线、面、色彩、肌理等基本构成元素组合而成的某种形式及形式关系，激起人们的审美情感，这种构成关系、具有审美情感的形式就称之为有意味的形式。现代产

品设计是技术和艺术的有机结合，要解决的本质问题就是将产品与人的关系形式化，这种形式除了要满足消费者的使用需求外还要满足其审美的需求，产品设计的形式研究不能脱离审美的范畴。优秀的产品设计是技术与艺术的有机结合。

就纯粹的形式美而言，可以不依赖于其他内容而存在，它具有独立的意义。在产品形式上表现为秩序、和谐等基本的形式美法则，用以满足消费者的审美趣味。但是对于产品设计来说，形式美不可能绝对自由，它要受到材料、结构、工艺等技术上的制约。另外，产品设计的形式还必须与使用功能、操作性能紧密地结合在一起，是功能性与视觉形式的有机结合，产品外在形式是内在功能的承载与表现，体现出产品的高品质性能，表现为功能美；产品设计的形式审美是产品功能的外在表现。过分装饰的产品会使人无所适从。现代产品的设计是通过采用适当的材料，运用合理的加工手段以恰当的内、外结构形式来传达产品的使用功能，同时具备审美功能。产品设计是在一定的社会环境下进行的并且是以满足社会需求为前提的，因此，在一定程度上也是社会文化生活的综合体现。

产品设计的形式美必须与消费者、与市场联系起来，要通过研究市场、研究消费者将设计者的审美体验和消费者对美的需求相结合起来，从而创造出符合需要的美的形式。

2. 产品设计中的形式美要符合形式美的基本法则

美必须有所依托，产品中的形式美要通过一定的物质形式表达出来。作为产品的终端用户，即消费者，所见到的只是产品的形态、色彩、肌理等外表，即产品的外观形式。产品在满足所需功能要求的前提下，形态是否符合消费审美成了能否打动消费者从而满足市场需求的关键。

美感最初主要来源于人们在生活中对美的事物的体验。长期以来人们通过不断的实践体验，对自然中天然存在的一些事物美的因素的归纳与概括，形成了具有普遍意义的美学规则。产品设计中对形式审美的掌握在很大程度上影响到产品造型的审美价值，产品的形式美在某种意义上成了产品设计中的关键。由于美的形式法则是人们社会实践中总结出的普遍规律，而产品设计的目的是为了满足大众消费需求，所以设计中必须遵循这些基本的形式美法则。形式美的法则主要有以下几方面的内容：统一与变化，"统一"使人感觉单纯、整齐、利落，"变化"带来新奇和刺激，打破单调与乏味；对比与调和，"对比"强调了变化和个性，"调和"则强调了事物间的共同因素，在设计中要讲究求同存异，没有对比、没有变化就会觉得呆板、不活跃，变化太多又会有凌乱之嫌；还有对称与均衡、节奏与韵律、呼应与重点、比例与尺度等。产品形式美感的产生直接来源于构成形态的基本要素，即对点、线、面等形式及其所构成的形式关系的理解而产生的生理与心理反应，当色彩、形态、材质肌理等形式要素通过不同的点、线、面的组合符合形式规则时，就会使人产生美的感觉。

设计产品不同于传统工艺制品，产品设计是现代文明的标志，与人们日常生活息息相关，因此，在运用形式美法则时，应该强调以充分发挥产品使用功能为前提，以创造功能与审美相统一的形式为原则。并且，作为设计者还必须认识到在产品设计中谈论纯粹的形式美是无意义的，产品设计的形式美必须与消费者、与市场联系起来，要通过研究市场、研究消费者将设计者的审美体验和消费者对美的需求相结合起来，从而创造出符合需要的美的形式。随着时代的进步，产品的形式美在"以人为本"的核心下将功能与审美有机结合，考虑到人的心理感受和生理舒适，反映出设计与实用、设计与情感、设计与舒适等多方面的统一。

3. 形式美的外在体现

在产品设计过程中，由于设计师的灵感来源不同，就会形成不同的审美表现。灵感来源于自然，主要体现了一种自然之美；灵感来源于科技，体现出一种技术之美；灵感来源于社会时尚，体现出一种时尚之美；灵感来源于想象，体现出一种未来之美。

（1）自然之美

大自然的万物自在、万象更新的天然姿态中，隐含着潜在的美之底蕴与审美的价值。设计师对自然中天然存在的一些事物美的因素进行提取，对自然界美的行为进行研究并与科技结合起来进行创作，从而形成产品的自然之美。如图4-1和图4-2所示，这款创新的概念街灯是荷兰家电大厂飞利浦发布的，名字叫"绽放之光"（Light Blossom）。技术上利用的是一个生态学的街灯柱，白天能够接受来自太阳和风的能量，夜间利用白天存储的太阳能和风能为路人照明。造型上它形似自然的花朵，白天绽放吸取能量，晚上聚拢散发能量。将其形态、功能、设计理念有机结合起来，体现了产品设计中的自然美。

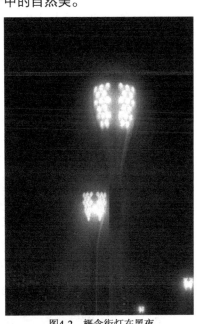

图4-1　概念街灯在白天　　　　图4-2　概念街灯在黑夜

（2）技术之美

技术美是技术活动和产品所表现的审美价值，是一种综合性的美。从构成上看，技术美的主要内容是功能美，也包括形式美和艺术美。设计中的技术美与手工业生产所创造的工艺美不同，它有着自己的审美特性和感知方式。技术美特性及表现方式是由机械化生产方式和工业产品的性质决定的，反映的是大批量、标准化、统一和理性的特征，以实用功能为最终目的"美"。技术之美的审美形态往往是由材料本身的质感与结构本身的构造结合美的形式法则体现出来的。如图4-3所示的钟表就是由其金属材料的本质及内部结构的显现来体现一种技术之美。

（3）时尚之美

时尚是设计师创造的源泉，时尚美更多的是带有社会属性的美，它与时代潮流密不可分。如图4-4所示的是来自罗技科技的商务手持产品。它拥有流畅的外观和先进的技术，无线操控和快捷键的搭配让人可以感受到时尚之美。

图4-3　钟表　　　　　　　　　　　　　　　　　图4-4　商务手持

（4）未来之美

未来给人无限的憧憬，对于未来人们充满了想象，在想象中，产品的审美价值也在先进技术的支撑下插上了飞翔的翅膀。在设计中想象未来，使人们对产品的发展标明了前进的方向。其产品所表现的未来之美往往给人以遐想和启发。如图4-5所示的是一种个人交通工具的概念设计。也许不久的将来，街上就会出现这款可爱的小车。

图4-5　个人交通工具

4.2.2　产品的体验之美

如果说形式之美给我们的是视觉感官上的愉悦之美，那么通过五种感官的体验给人们所带来的愉悦之美，乃至精神上的满足则是更加强烈的美感。也就是说通过人与产品的交互，可以使人得到深层次的美的体验，满足情感的需要。

当今的产品设计已不再是"形式追随功能"的功能主义。随着社会的进步，社会物质财富和精神财富日趋丰富，产品设计已演变为对生活方式的设计，在某种意义上讲设计已成为提高生活质量及生活品位的一门艺术。产品设计虽然以物质功能为表现前提，却也越来越关注人类精神的需求。这种对人类精神需求关注的深化，在产品设计上表现出一种人性化的关怀。另外，由于日常产品技术同质化的原因，使生产者转向于开拓产品对于消费者的新的精神方面的享受，因为精神的享受是无止境的，这方面也可以给生产者提供更广阔的市场空间。

在具体的产品设计中，设计师往往运用一些以人为本的理念和技术来使产品满足人们不断发展的精神需求。比如，运用人机工程学使产品更适于人的操作使用；追求产品的趣味性和娱乐性；满足现代人追求轻松、幽默、愉悦的心理需求；增强人与产品的交互等。特别是增加或改变人与产品的交互这一方式，它致力于了解目标用户和他们的期望，了解用户在进行产品交互时彼此的行为，了解人本身的心理和行为特点，因而设计出的产品更能符合人的生理、心理、行动的特点。这样的产品在使用过程中给人们带来崭新的体验。如图4-6所示为一款简单易用的老人电脑，这款产品将电脑的几个主要功能分门别类存储在几个"模块"里，每个模块都对应着电脑上面的插槽，用户可以通过模块来启动特定的功能，并利用触摸屏直接对数据进行拖拽。这款面向老人的电脑产品，考虑到了老人的心理和行为特点，给老人全新的体验，从而也带来了美的享受。

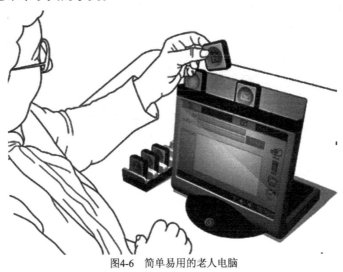

图4-6 简单易用的老人电脑

体验之美是指通过人们对产品的操作，产生令人满意的、愉悦的、有趣的心理体验，从而满足人的情感上、精神上的需求。

4.2.3 产品的和谐之美

和谐，作为一个重要的哲学范畴，反映的是事物在其发展过程中所表现出来的协调、完整和合乎规律的存在状态。和谐的状态是时代进步和社会发展的重要标志。如今，和谐已经成为我们这个时代的主旋律。就体现在人类社会的各个层面，也体现在艺术设计当中。

产品设计追求的和谐之美是一种平衡之美，也是一种状态之美，更是一种标准和原则。

不但是人类进行造物活动的原则，还是构建和谐社会形态的原则。只有这样，才能够满足自然发展规律和人类需求"和谐共存"的理想状态。

设计的和谐包括设计产品与人之间的和谐、设计自身的和谐、设计与环境的和谐。设计自身的和谐，设计与环境的和谐是构成了"设计与人"这一和谐关系的基础和前提。设计与人的和谐是从协调人、行为、场景和产品等要素相互关系的角度出发，构建和谐的产品交互系统，实现在物质、行为和精神三个维度上的协调，构建和谐之美。设计与环境的和谐对人类和自然的未来发展尤为重要。为此，低碳生活、环保设计、绿色设计的理念也逐步被人们所重视。真正好的产品是在产品与人的和谐基础上，真正做到产品与自然的和谐。如图4-7所示的是上汽集团研制的概念车"叶子"。产品集二氧化碳吸附转换、光电转换和风电转换等新能源转换综合应用在一起。外观设计清新自然，使人感受到绿叶的勃勃生机。这款创意设计重新定义了汽车与自然环境的关系，汽车成为了自然循环中的一个环节，体现了人与自然的和谐之美。

图4-7 概念车"叶子"

如果设计自身的和谐秩序被扰乱，设计与环境之间的和谐关系被打破，那么设计势必无法实现其服务人类的目的，设计与人的和谐关系也将不复存在。因此，只有实现了设计产品自身的和谐，实现了设计与环境之间的和谐，才能真正实现设计与人类的和谐。

4.3 中国传统文化与审美心理

近年来的考古材料表明，中国文明是在一个同外界处于相对隔离或半隔离状态的巨大地理单元中独立起源并获得发展的。中国人审美心理的发生与中国文明的起源一样，是自然而然产生的结果，具有天然的特性。中国人的审美感知能力在旧石器时代已经表现出多样化与精细化的特点。中国的特殊地理位置和优越的生态环境为史前先民提供了异常丰富的生物资源，他们在采集文化的漫长实践过程中不断对周围的事物进行观察、实验、分类和思索，培养出对事物进行仔细观察的习惯和能力。中国文化所独具的"天人合一"便是在新石器时代这一时期得以形成的，它在新石器时代表现为广泛的地母信仰，当时的彩陶正是中国的史前先民实现"地人合一"这一审美追求的物质工具。与此同时,中国人审美心理所具有的整体性、意会性、模糊性和长于直觉判断等特点也在这个时期得以孕育成型。

4.3.1 中国传统文化背景下的美

中国灿烂的传统文化使得中国传统审美观念有以下表现：

1. 以和为美

著名美学家周来祥认为"中和"是中国传统文化思想的根本精神。从道德观念看，和是善，中和、中庸在精神实质上是相通的。从哲学认识论来看，和是真。从社会学来看，和是君子，是完美人格。从生物学来看,和是生命。中国传统审美心理思想不可避免地受其影响崇尚"以和为美"。首先，中国传统审美思想十分重视审美客体是否为"和"。要获得真正的美感首先要求审美对象本身符合一定的标准，要求客体"大不出钧，重不过石，小大轻重之衷也"。其次,中国传统审美心理思想要求审美主体应具备"和"的审美心态。儒家强调修身,且以"和"做为人格修养的至高境界。

2. 以心为本

中国传统审美心理思想十分重视审美主体与审美客体相互协作的关系，对审美中的心物关系持一种辨证的观点。但是，却并不意味着中庸，中国传统审美心理思想在肯定审美客体是不可缺少的前提下，始终强调审美主体的主观能动性的发挥，始终以"心"置于主导位置。我们都知道，中国哲学是一种内求的哲学，它不将视角投入外部世界，而是回归到内部心灵，故被称之为"心灵的哲学"。我们可以见到诸如"万物皆备于我"（孟子），"心即天"、"心即宇宙"（陆象山），"心外无物，心外无理"（王阳明）。这些都说明"心"对宇宙、社会、个体的重要性。因此，在中国古代艺术家看来，并不存在一种实体化的、外在于人的美，美离不开人的审美活动。

3. 以形媚道

宗炳有"山水以形媚道"一语，即是说自然山水以其妩媚形态显现宇宙之道。自宗炳之魏晋时代，自然美作为一美学范畴正式确立以后，就不断影响着中国传统审美心理思想的发展，以至于"以形媚道"的自然美成为中国传统审美思想史卷上的传神之笔。

中国人很早就与大自然建立了广泛、深刻的精神联系，大自然很早就进入了中国人的精神生活。作为早期中国文化的典范，《易经》解述了人与自然的命运联系，《诗经》抒发了人与自然的情感联系，《老子》则阐发出人与自然的认知联系。正是在这一背景下，崇尚自然成为中国传统审美心理思想最为显著的特征。

而最具代表性的则为庄子，自然之物更为直接、更宽广地进入中国人的精神生活。他的《逍遥游》就是把大自然的山川江海，甚至整个天地作为自己的欣赏对象。这表明中国人对自然的欣赏已从自然界中的一草一木上升到了整个宇宙天地的宏大境界，突破了有限的感官审美而上升到了无限的精神遨游。这是中国自然审美观念的一大飞跃。

4. 以境为高

境是中国传统审美心理思想中出现频率极高的一个审美范畴，比如"情境"、"物境"、"境界"、"意境"等。而情境也好，物境也好，意境也好，境界也好，名虽然有别，其实统一。如图 4-8 所示，利用中国最具特色的材料瓦、竹，体现出中国的民族特色。绵绵细雨、殷殷鸟声，建筑与环境完美的融合为一体。

图4-8　传统的审美意境

意境为何能使审美主体从感性的日常生活和生命现象中，获得对人生、历史、宇宙哲理性的感受和领悟？答案是，之所以具有如此艺术魅力主要取决于意境审美结构的复杂性。具体来讲，这种结构分为三个层次：

第一，意境的表层结构为"情景交融"。它主要表现为审美活动必须呈于感性形式，它是以蕴含深远意蕴的审美意象为表现形态的。因此"情"和"景"是意境构成的基本元素，它们是有机统一、相互交融、不可分割的。

第二，意境中的中层结构为"以形写神"。它主要表现在审美活动对精神和生命的追求。中国艺术总是希望超脱那些具体的、有限的东西，更加自由地去表现无限广阔的人生、情感、理想和哲学。

第三，意境的深层结构为"韵外之致"。它主要表现为审美活动中追求韵味无穷，崇尚"无言之美"。例如，王维的"雨中山果落，等下草虫鸣"两句诗。

总之，作为意境应该具备以下特点：一是有景致，它必须是感性的人、事、景、物；二是有情思，它必须是超越有形之物的情感体验和哲理感悟。

4.3.2　中国文化与产品设计

中国传统文化是中华民族基于中华大地，用中国的语言文字，创造生成、演绎成形、递进相传所积淀下来的民族精神、价值观念及由此而生成的政治体制、经济模式、善之道德、美之艺术、真之科学。中国传统文化首倡人与自然宇宙之统一，弘扬天道、人道为一体，界定人之主体价值，揭示人生、社会、宇宙之奥秘。中国传统文化强调时空统一、天人合一、知行合一、情景合一。强调整体至上、人伦道德、中庸和谐。中国传统艺术讲究均衡和内在的节律，强调变化中的均衡，这种统一的，生动的，有韵律和节奏的审美感觉。

　　中国美学的起点起源于老子美学，中国传统美学强调的是统一的美——"整体意识"，认为万事万物都是一个和谐统一的整体，都遵循同一个本质规律，因而中国古代的艺术家始终致力于"以整体为美"的创作，把人的情感赋予物的形式，借物抒情，"以形写意"，"形神兼备"。由于这种"天人合一"的整体世界观与"物我同一"的审美观念。如果将中国传统审美心理学视为一个有生命的个性，那么它的人格恰好是由社会化与个性化的相互依存、不可分离的两方面组成——一个来源于儒家，强调个体与社会相统一、相和谐，以社会关怀、实现关怀为心理取向的伦理人格；另一个则是强调个体自身的生存需求，关注主体自身价值与天性自由，以自我终极关怀为心理取向的个性人格。中国的传统审美心理学对于审美人格的设计是儒道互补的结合体。中国古代审美要求"内敛"，即所谓含蓄的美。在具体形态的表现上以精致、柔和为美。

　　中国元素是中国文化的精髓，并延续到我们现代生活中，更起到传承民族文化的作用，是中华民族独有的内在和外在的特质，既有形而下的具体物质,也有形而上的意识形态。比如，建筑风格元素、紫禁城、长城、敦煌、布达拉宫、苏州园林等;服饰风格元素，丝绸面料、唐装、旗袍、中山装等；文化风格元素，国画、脸谱、京剧、印章等；自然风格元素，长江、黄河、黄山、珠穆朗玛峰等;动物风格元素，熊猫、白鳍豚等;宗教神话风格元素，观音、如来佛、龙、麒麟等。这些丰富多彩的元素，是中华文化在外国人心中的标志。不仅如此，讲究对立统一、中庸和谐和一分为三的儒家思想、讲究"无为而为"的道家思想等都是中国文化区别其他文化的地方，也属于中国元素范畴。

　　《易经》有云:"易有太极,始生两仪,两仪生四象,四象生八卦。"以下两款产品是借助"太极"这个中国元素设计的 MP3（见图 4-9 ），音箱（见图 4-10 ）。在产品中，形态和装饰纹路的设计是借助于中国传统文化的底蕴,强调神似而非形似。在中国传统文化的大背景,简洁、有秩序的美感,给人愉悦的情感体验。

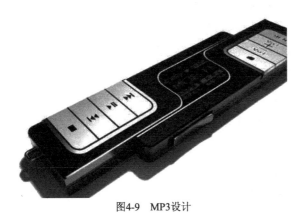

图4-9　MP3设计　　　　　　　　　　　图4-10　太极音箱

如图4-11所示，把中国传统元素青花瓷的韵味运用到了手机上，使整个手机造型典雅、清新，充满古典风情。

设计中要考虑的元素很多，其中最重要的就是文化元素。加入中国传统文化的元素，不仅能充分表达出我们神秘的东方色彩，也能更好地起到国际传播及交流作用。

图4-11　青花瓷手机

受现代艺术与现代科技双重制约的现代设计，无论怎样发展，都无法脱离传统文化对它的深刻影响。具有民族性、地域性、社会性和历史性的传统文化，不但时刻影响着我们的设计艺术，而且也直接影响着现代设计运动。

4.3.3　中西审美差异

中国审美受儒家和道家的影响，而西方审美受到希腊文明及基督教文明的影响。这使得中西方审美存在着很大的差异。

1. 中西审美差异产生原因

产生中西审美差异的原因要从中西不同民族的传统文化及审美心理思想的发展演变来看。儒、道思想集中代表了汉文化不同于世界其他民族文化的基本特质。儒家美学的中心概念是"中和之美"，强调以文权体制为中心的宇宙间的一切的普遍和谐，"中和"的宇宙是一个以现实政治和人伦社会为中心的整体和谐的宇宙，它作为儒家文化的理想是美的极致。儒家美学的最大贡献是为中国文人提供了一种普遍关怀一切存在的心灵，正是这种心灵决定了中国诗画中的那种"提神太虚"、"散点透视"的空间构造和它的宇宙感、人生感。道家所尊崇的是天地万物的自然而然的生成之道。道家美学的贡献是为中国艺术提供了一种审美的境界，它的基本特征是"虚静"和"空灵"。庄子主张把自我同化于自然整体之中，最高的艺术境界是同于自然的一片无我而又充实的虚灵，一种"淡然无及而众美从之"的境界。

在西方美学中，希腊文明向西方艺术提供了一种以神圣的形式为中心概念的美学价值，基督教文明则向西方艺术提供了一种以光和色彩为特征的美学价值，二者相互渗透共同构成西方美术在美术风格上的总体面貌。

2. 中西审美差异的具体表现

（1）审美思维

中国古代在审美思维方式上是实用、理性，"贵悟不贵解"，主张审美主体要进入"悟"的心理状态去体验美和创造美，要求审美主体在"心与物会"、"神与象交"、"情与景合"的浑然统一中，去体悟宇宙万物的生命意蕴和美的性质。因此，主体在审美观照中，只注重事物内在的规律性和一致性，对阴晴晦明、风霜雨雪、月落乌啼、水流花谢等种种自然现象，都不采取细致分析的态度，而是用心灵去鸣和自然，畅我神思。西方古代在审美方式上是思辨理性，"贵解不贵悟"，强调理解、思辩，主张审美主体要注重理性自身的逻辑性、严密性和完整性。

（2）审美心理

中国审美心理偏重于情感和理智的统一，偏重于内容的和谐。中国儒家美学将美看做是美和善的和谐结合，就是要在审美活动中用来束缚情感，从而将审美情感纳入特定的伦理轨道，让情在理智的约束下有限的活动，从而使先天的情感欲求符合后天的伦理规范。西方审美心理偏重于心灵与理智的统一，偏重于形式的和谐。西方传统美学将美看做是真与善的和谐统一，强调在审美活动中，要用灵魂束缚肉体，用理性压抑感情，认为"最高的美不是感官所感觉到的，而是要靠心灵才能领悟的"。中国在审美体验中，往往以理节情，注重内心和无限的超越：渴望从有限中发现无限，所以中国人喜欢登高远眺，喜欢极目抒怀，强调澄怀观道，带有很强的主观色彩。西方讲究天才禀赋，而中国更重积学修身。中国讲"养气"，重"虚静"，协调内心，不呈过度激烈。中国审美体验的最高范畴是"畅神"、"悦志悦神"，更重视内在美的人格修养。西方最高的美是上帝，是神，更重视非理性的外在美。

（3）审美理想

中西方在审美理想上都以"和谐"为美的最高理想，然而不同的是：中国人对儒家的"中和之美"表示认同，从而侧重审美主体的心理属性；西方人对柏拉图的超验的和谐理想表示认同，从而侧重审美对象的物理属性。

无论在中国的心理结构还是在西方的物理结构的背后，都还隐藏着深刻的思想内容，这就是中国的"人人之和"和西方的"人神之和"。中国受孔孟儒家思想的影响，历来把协调人心、稳定社会看成是审美活动的最高理想。西方受柏拉图和亚里士多德美学思想的影响，强调只有当灵魂受到宗教的洗涤与净化之后，才可能透过物体和谐直观上帝的和谐，从而在精神上与上帝融为一体，这种最高的审美理想，就是人与神的和谐统一。在中国与西方审美文化剧烈碰撞之际，审美意识彼此相互融通之时，进行中西审美差异的比较，进而探索中西方人格的差异，不仅有助于我们了解西方的美学思想体系，而且也有助于我们反思自身，从而建立起既符合经验传统，又具有现代水平的美学体系。

4.4　设计师的审美与设计

设计师是美的创造者，其审美水平的高低直接影响其设计产品。提高设计师的审美能力及设计理念是保证产品满足用户需求的根本所在。

4.4.1　设计师的个性与天赋

每个从事艺术设计职业的人都梦想成为设计大师，而造就最富有创造力设计大师最重要的决定因素之一就是其本人的人格因素。人格就是比较稳定的个性行为模式，而个性会影响一个人的心理品质。

研究表明，非凡的创造者通常都具有独特的个性特征，美国学者罗斯曼通过 1946 年、1953 年所做的关于几个领域的艺术家和科学家的研究，发现他们只有一个共同的特质，那就是努力及长期工作的意愿。同样，罗斯曼对发明家人格的研究也发现他们具有"毅力"这一个性特征。

当设计师从更高层次来要求自己的创作时，那么，他们的人格特征往往更接近艺术家，表现出艺术家的典型创造性人格，我们可以将其称为"艺术的设计师"，在他们看来艺术设计是一门艺术，与其他纯艺术的创造没有根本的差别，因此，他们受到某种内在的艺术标准的驱使，设计作品较为个性化，显得卓尔不凡。还有一些职业的设计师，他们比较注重实际条件和工作效率，并不期望个性的表达或者做出经典之作，设计对他们而言更多是一种技能，这类设计师明显创造力不足，可以称为工匠。

此外，设计师还需要具有一定发明家的创作性人格特征。例如，沟通和交流能力、经营能力等，这些虽然对于艺术设计创意能力并没有直接影响，但是却能帮助设计师弄清目标人群的需求、甲方意志、市场需要等，间接帮助艺术设计师做出既具有艺术作品的优美品质，又能满足消费者、大众多层次需要的设计。

设计能力是一种天赋吗？只有某些人才可能具备吗？我们认为天赋在人的创造力发展中起着决定的作用。可是天赋条件虽然重要，但不应过分夸大它的作用，美国学者推孟等人 20 世纪 30 年代起通过长达半个世纪的追踪观察，发现良好的天赋条件并不能确保成年后就能具有高度的创造力，他们认为最终表现出较高能力的人往往是那些有毅力、有恒心的人。

从事艺术设计的人能力分为三类：第一类是与艺术才能相关的感知能力，它表现为精细的观察力、对色彩、亮度、线条、形体的敏感度、高效的形象记忆能力、对复杂事物和不对称意象的偏爱、对于形象的联想和想象力等，这些能力通常是天赋的能力。第二类主要是以创造性思维为核心的设计艺术思维能力，它与先天的形象思维和记忆的能力相关，但是需要通过系统的设计思维方法训练，累积获得设计经验及运用适当的概念激发组织方法来显著提高这个方面的能力。第三类就是设计师的工作动机，更多的是一种发自内心的，通过设计活动获得满足的愿望。

艺术设计大师对于个体的天赋要求较高，需要相当的艺术感知能力、形象思维与逻辑思维得到完美配合的艺术设计思维能力，并且具有某些创造性人格特征。天赋固然是一个优秀设计师成长的必要基础，但是后天形成的性格特质和工作动机却决定了天赋是否能真正得以发挥和转化成现实创造。因此，设计师只有通过不断学习和训练来培养设计思维能力，提高创意能力；同时注重是个人性格的培养和塑造，以提高动机方面的因素，才能提高自己的设计活动的能力。

4.4.2　设计师的审美心理

设计师要想设计更好的作品，不仅要具备全面的专业知识，还必须要有较强的审美欣赏能力。因为只有这样，才能设计出超前产品，从而才能引导消费。

审美能力是主体对客观感性形象的美学属性的能动反映，是指人们认识与评价美、美的事物与各种审美特征的能力，是人们在对自然界和社会生活的各种事物和现象做出审美分析和评价时所必须具备的感受力、判断力、想象力和创造力。人的审美意识起源于人与自然的相互作用过程中，自然物的色彩和形象特征使人得到美的感受，人按照加强这种感受的方向来改造和保护环境，由此形成和发展了人的审美能力。

作为一个工业设计师，凭借自身的审美欣赏能力，以形象思维的方式进行美的创造，为人们提供审美欣赏的对象。因此，设计师除了自身的审美欣赏，主要是如何付诸技术与艺术结合的魅力，满足人们的审美欣赏。人们的审美欣赏有多种类型：直觉的、理智的、情感的等。这些都要设计师时刻意识到：自身的审美欣赏是吸取他人设计审美创造的精华，满足人们不同的审美欣赏类型，牢记"为什么你喜欢，而我不喜欢"的欣赏意识，让设计的产品争得更多的审美欣赏。

作为设计师，培养和提高审美能力是非常重要的，审美能力强的人，能迅速地发现美、捕捉住蕴藏在审美对象深处的本质性东西，并从感性认识上升为理性认识，只有这样才能去创造美和设计美。设计师审美欣赏能力的提高要依靠平时多方面的艺术修养的积累和设计专业知识的积累，要经常有意识地留心观察身边各种成功或失败的设计，更重要的是需要提高自己的审美能力，只有这样才能使自己在设计上具备创造的潜力。

英国哲学家赫伯特·里德曾说："感觉是一种肉体的天赋，是与生俱来的，不是后天习得的。"他又说："美的起点是智慧，美是人对神圣事物的感觉上的理解。"可见，感觉是人人都具备的，但在美的事物面前，人们所获得的审美享受是有深有浅、有全有缺、有正确有谬误、有健康有庸俗的。出现这种现象与他们的审美能力和鉴赏能力的高低有很大关系。审美能力的形成和提高更重要的是来源于文化艺术知识的获取和美感熏陶，来自不断的学习和实践。在设计领域取得伟大成就的设计大师们，都是依靠深厚的功底素养，来施展他们出色的设计才华的。

作为设计师要多接触相关的艺术门类，让各种艺术的美不断地感染你、熏陶你，使你不断加深对美的理解和认识，从而使你具有非同一般的艺术品味。"眼高"才能促使"手高"，因此，设计师具备良好的审美能力才能使设计永远焕发魅力。

4.4.3 设计师的认知与设计审美

首先，现代社会环境的变迁在日益加速，具有敏锐的感受能力的设计师对周围的环境有着自己的认知与思考，他会从设计的角度来发现我们周围还有哪些方面尚未能达到人们所期望的那种要求，这就是设计师对社会的独特认知和感受能力。这种能力的形成，虽有先天的因素，但主要还是靠后天的培养而来。另外，设计师对周围的一切都能引发其注意力和好奇心，他们喜欢追根究底、探求事物的内在奥秘。往往能通过一件很不起眼的小事，溯本求源，运用某一事物的基本原理而演绎成为意义深远、具有创造性的定理或引发出新的概念，并能在实践中应用。

其次，我们每一个人都有自己的智慧，但由于先天所具有的素质和后天环境教育的差异，人与人的智能是不同的。有很多设计师从小具有良好的教育环境，在不断的学习积累中，具备了独特的素质和高超的设计技能，慢慢形成构想的灵感和发明创造的能力，积极探索，追新逐奇，并经过不断的实践锻炼和经验积累，凭借扎实丰厚的知识和技术，使其真正具有发明创造的能力，从而使其设计永远有焕然一新的感觉。

另外，设计作品是否受到市场的欢迎，很大因素取决于是否有时尚性和流行性。因此，一个观念陈旧、衣着落伍的设计师能做出非常时髦、时尚的作品吗？当然，要使自己变得时尚不一定都得靠外表，关键是，要让自己的心变得有强烈的时尚感，要让自己的思想变得更具现代意识。虽然，有时时尚的东西不见得都好、都美，但作为设计师，你必须要有接纳的胸怀，对待新观念、新现象不能带有先入为主的惯性思维，要学会把自己放进去，去接受，去思考，这样才可能使你的设计作品能与时代同步，甚至引领时尚。

最后，一个良好的沟通、交流和合作平台是促进设计的关键因素。作为一个设计师，要想顺利、出色地完成设计开发任务，使自己设计的产品产生良好的社会效益和经济效益，离不开方方面面相关人员的紧密配合和合作。设计方案的制定和完善需要与公司决策者进行商榷；市场需求信息的获得需要与消费者及客户进行交流；销售信息的及时获得离不开营销人员的帮助；各种材料的来源提供离不开采购部门的合作；工艺的改良离不开技术人员的配合；产品的制造离不开工人的辛勤劳动；产品的质量离不开质检部门的把关；产品的包装和宣传离不开策划人员的努力；市场的促销离不开公关人员的付出。

4.4.4 个性满足设计审美

个性是指一个人对现实的稳定态度及与之相适应的习惯化了的行为方式，人们的主导个性表现了对于现实世界的基本态度，很大程度上也决定了人们的审美和行为。

设计活动本身就是一项非常艰苦、探索性的、长期性的工作，与纯艺术重自我表现的特质相比，设计师需要不断探索、检验、修正、完善设计创意，一个新奇特别的设计创意是否能最终成为一项适宜的设计成品，需要长时间的辛勤工作。此外，勤奋使设计师的观察范围、经验累积、思维能力、想象能力、实现能力都能得到极大提高。

客观的性格特征也是设计师区别于纯艺术创作者的重要方面，设计师既不能像艺术家那样随意宣泄个人情感，表达主观感受；也不能像工程师那样一丝不苟，在相对狭窄专一的领域中不断探索下去。也许只有创造才是艺术设计的唯一标准，设计师比大多数人更为轻而易举地辨别新颖的、具体的和独特的东西。客观性是设计师理性思维的集中显现，使设计师能够对自身及自己的设计进行客观评价，使设计与实际需求和审美取向等要素结合起来。同时客观的个性能使设计师跳出一般思维、习惯的束缚，为设计师更好地设计创造条件。

另外，有意志力的设计师体现为自觉性、果断性、坚持性和自制力等性格特征。意志力能帮助他们自觉地支配行为，在适当的时机当机立断，采取行动，并顽强不懈地克服困难完成预定目标。

兴趣是影响设计师发挥的重要因素，它是人对事物的特殊认识倾向，能促使人们关注与目标相关的信息知识，积极认识事物，执行某些行为。设计师往往对于创造、艺术、问题求解等方面具有浓厚的兴趣，有时甚至那些没有接受过正规艺术设计教育的人们，在受强烈而持久的兴趣的驱使时，也能做出很好的设计作品。

复习思考题

1. 美的特征有哪些？

2. 在产品形式美的创造中功能美和形式美是怎样的一种关系？

3. 中国传统文化中美的含义是什么？

4. 列举一个具体的现象，说明中西审美的差异。

5. 设计师怎样提高自己的审美素养？

第5章
创造性思维与设计

本章重点

◆ 创造力和创造性思维的概念及分类。

◆ 创造性思维的四个心理模型。

◆ 激发创意的方法。

学习目的

通过本章的学习，掌握创造力及创造性思维的内容及特点；了解创造性思维的心理过程及创造性思维的方法，从而有利于创新设计的进行。

思维是人类在与大自然斗争过程中，为了求得自身的生存与发展，经历几百万年进化而获得的一种特殊机能。思维的根本目的就是为了解决人类面临的各种问题。而解决问题的前提是要能够做出正确的判断，其表现形式为对各种不同事物进行辨别、对事物的某种性质进行判定、对所处境遇做出决策、对面临问题确定处理或解决的方案等。因此，能否做出正确判断，也就成为是否具有问题解决能力、即思维能力的主要标志。

从哲学的角度来讲，思维可定义为"人脑对客观事物的本质和事物之间内在联系的规律性做出概括与间接的反映"。设计活动是一个创造性设计思维的过程，在工业设计过程中，设计师将其构想快速转化为草图的过程是一种相当复杂的行为，这一过程被称为观念作用阶段。在设计师的构想阶段，思维起着重要的作用，思维的方法、知识的运用及灵感的出现都直接对设计产品的主题、构想、设计起着决定性的作用。

5.1 创造力和创造性思维

设计师所具备的能力中，最重要的一项就是创新能力，也就是说设计师是否具有创新能力直接影响其设计的产品是否是创新性设计。具有创新能力的人才是指应该具有创造意识、创造性思维和创造能力的人才，其核心是创造性思维。

为了能使设计师具有较高的创新能力，必须深入地研究创造性思维，深入分析创造性思维的过程、特征、创造性思维产生的生理机制，从中找出影响创造性思维形成与发展的主要因素，并运用适当的方式、方法进行训练，培养具有创新能力、能够进行创新性设计的设计人员。创造力的培养是基础教育根本的出发点。如何挖掘人们潜在的创造力，运用怎样的开启模式和方法，能够将这种能力发挥回来，不仅是基础教育长期以来不断研究的重要课题，也是人类完善自身、体现价值的重要方面。同时，对设计本质而言，更是设计活动的意义所在。

5.1.1 创造性思维和创造力的概念

所谓创新思维是指人们为解决某个问题，自觉地、能动地综合运用各种思维形式和方法，提出新颖而有效的方案的思维过程。用来评价创造性思维有四个标准，即新颖性、先进性、价值性和时间性。也就是说，创新思维所得到的设计方案越新颖，科技含量越高，价值越高，时间越长久，就说明这个创造性思维的创新性越高。

创造性思维是具有新特质的思维方式，它具有与传统思维不同的特征，主要表现在：思维的敏锐性——这主要体现在发现意识上。一个良好的设计人员必须善于发现，有所发明，这是创造性思维的源泉。思维的独创性——创新不是重复，它必须与众人、与前人有所不同且独具远见、卓识、有独特的观点与看法。它不仅达到了前人所没有达到的境界，也具有实事求是的精神和在不同情况下可以变通的特点；思维的多向性——即要着重从几个不同的角度想问题。它包括发散性思维、换元思维、转向思维、创优思维；思维的跨越性——思维具有跨越性，往往是创造性思维不同凡响的关键。它包括跨越次要矛盾、跨越相关度的差距、跨越事物可观度；思维的综合性——即思维的整体综合品质。它既是求同思维和求异思维的辩证统一，又是纵向思维与横向思维的网络式建构。它包括智慧杂交能力、思维统摄能力。

创造能力是指具有把一定的思想、愿望变成可操作的步骤并使之转化为有价值的、前所未有产品的能力。创造能力必须以很强的创造性思维作基础，离开创造性思维创造意识将成为不切实际的空谈；离开创造性思维，创造能力的发挥将成为徒劳无功的蛮干。

5.1.2 创造性思维的分类

按照创造性思维目标的明确与否，可以将创造性思维划分为"随意创造思维"与"非随意创造思维"两大类。

1. 随意创造思维

事先没有很明确的创造目标，也没有拟订关于创造过程的详细计划、步骤，思维过程比较随意。所产生的思维成果是与众不同的，具有新颖性的思维。这种思维成果对于人类的文明与进步不一定有直接的关系与影响，也不一定能转化为有价值的精神产品或物质产品，但是对思维主体本身可能具有一定的积极意义与价值。在绘画练习过程中有时做出的颇有创意的素描，在科学实验过程中临时萌发的具有某种创新意义的实验设计思想，等等，均可归入随意创造思维的范畴。

随意创造思维的特点是"随意性"，即事先没有明确的创造目标，也不需要拟订关于创造过程的计划、步骤；其思维成果的创造性不高，实际意义与价值也比较小，思维加工过程是通过在发散思维和联想思维的基础上进行大胆的想象来实现。

2. 非随意创造思维

非随意创造思维是指具有明确创造目标的思维，根据思维成果的创造性大小它又可分为"一般创造思维"和"高级创造思维"两种：

一般创造思维——这种创造性思维的特点是，事先有明确的创造目标，为实现此目标事先有比较周密的计划和准备；所产生的思维成果是与众不同和前所未有的，因而具有创新性；这种思维成果对于人类的文明与进步具有一定的积极意义，并可转化为具有一定价值的精神产品或物质产品。一般的艺术创作和新产品设计，普通的技术革新和小创造、小发明，对某种理论、方法做出的改进等，只要这些思维成果是与众不同和前所未有的，都可归入一般创造思维范畴。

高级创造思维——这种创造性思维的特点和"一般创造思维"基本相同，只是加工机制更复杂些。在高级创造思维中，有一些思维成果是前所未有的新事物，有一些则是一种对前人未曾揭示过的事物之间内在联系规律的新发现。这一类创造性的思维成果对于人类的文明与进步均有重大意义，可以转化为具有重大价值的精神产品或物质产品。著名艺术家（包括音乐、绘画、雕塑、文学等领域）创做出不朽的传世之作，科学家探索事物的本质和发现各种原理、定律的过程等，皆可归入高级创造思维范畴。

高级创造思维是最有价值也最为重要的创造性思维，但是这种创造性思维往往是在随意创造思维的基础上发展起来的。深入分析不同创造性思维的实现过程及它们之间的联系，对于培养大批具有高级创造思维能力的创新人才有着至关重要的指导意义。

5.1.3　思维的基本形式

根据当前心理学界和哲学界关于思维的定义及物质运动与时间、空间的不可分离性提出：人类思维有两种基本形式,即时间逻辑思维与空间结构思维。空间结构思维的材料主要是"表象"，所谓"表象"是对以前感知过，但当前并未作用于感觉器官的事物的反映，是过去感知所留下痕迹的再现。根据思维材料（即思维加工对象）的不同，空间结构思维可进一步划分为两类：一类是以表征事物基本属性的"属性表象"作为思维材料，称为形象思维；另一类是以表征客体位置关系或结构关系的"空间关系表象"作为思维材料，称为直觉思维。在这样的细分下，人类思维的基本形式通常就有逻辑思维、形象思维、直觉思维三种。一般来讲，逻辑思维属于理性思维，形象思维和直觉思维属于感性思维。

我国著名科学家钱学森教授认为，人类思维的基本形式除了形象思维、逻辑思维以外，还应包括创造思维。后续研究人员认为，创造性思维从其与创造性活动及与创新人材培养的关系来看，虽然有其不可替代的极端重要性，但它是在时间逻辑思维与空间结构思维两者相互作用的基础上形成的一种更高层次的思维形式，而不是与前两者平等、并列的第三种基本思维形式。

在工业设计的设计过程中，设计的过程与结果都是通过人脑的思维来实现的。人的思维过程一般来说是理性思维和感性思维有机结合的过程。理性思维着重表现在理性的逻辑推理，感性思维则着重表现在感性的形象的推敲。理性思维是一种呈线形空间模型的思路推导过程，一个概念通过立论可以成立，经过收集不同信息反馈于该点，通过客观的外部研究过程得出阶段性结论，然后进入下一点，如此循序渐进直至最后的结果。感性思维则是一种树形空间模型的形象类比过程，一个命题产生若干概念，这些概念可能是完全不同的形态，每一种都有发展的希望，在其中选取符合需要的一种，再发展出若干个新的概念，如此举一反三，逐渐深化，直至最后产生满意的结果。理性思维是从点到点的空间模型，方向性极为明确，目标也十分明显，由此得出的结论往往具有真理性。使用理性思维进行的科学研究，最后的正确答案只能是一个。而感性思维则是从一点到多点的空间模型，方向性极不明确，目标也就具有多样性，而且每一个目标都有成立的可能，结果十分含糊。因此，使用感性思维进行的艺术创作，其好的标准是多元化的。

在产品设计的造型中需要综合以上两种思维方法，由于每一项具体设计内容总有着特殊式限定，这种限定往往受各种因素的制约，如果过分考虑功能因素，使用一种理性的思维形式，也许永远不能创造出新的样式。设计的过程与结果如同一棵枝繁叶茂的苹果树的生长，一个主干若干分枝，所有的果实都汇集于尖端，尽管全是苹果，但没有一个是完全相同的，形体、大小、颜色都有差异，这种差异与设计的终极目标在概念上是一样的。这个概念就是个性，这种个性实际上就是设计的灵魂。

产品的创新是依靠理性思维和感性思维的相互交叉作用来实现的。在产品的原理技术创新阶段，可以通过直觉的形象思维来发现问题，用逻辑思维来进行验证。而在后期产品的外形美感和色彩，材料的选用上，则可以通过一定的逻辑思维的方法来提出方案，再用直觉思维来进行验证。总之，在任何的创新过程中，空间结构思维和时间逻辑思维都始终贯穿其中。而艺术类的创新中，形象思维的比重比较大，视觉和听觉的直觉思维也起着很重要的作用，当然也离不开逻辑思维。在科学类的创新思维中，最初的形象思维也是依据直觉思维的激发来实现的。但是这种形象思维是建立在大量的逻辑思维之上的一种顿悟，而这种顿悟在后期还要得到逻辑思维的验证。

5.1.4　两类不同创造性活动的思维过程及特点

人类的创造性活动通常有两类：艺术类与科学类。艺术类包括音乐、美术、文学创作等。而科学类包括自然科学和社会科学领域的各种理论探索，这两类创造性活动的思维过程及特点不完全相同。工业设计活动是一种综合的创造性活动。在产品创新的初期，产品的原理和技术材料等方面的创新应该是偏向于科学类的创新，而在后期的产品的外观色彩、外型的确定等方面的创新则是艺术类创新。

1. 艺术类创造性活动的思维过程及特点

音乐大师莫扎特在一封信中描述了他在乐曲创作过程中的思维过程："当我感觉良好并且很有兴致时，或者当我在美餐后驾车兜风或散步时，或者难以入眠的夜晚，思绪如潮水般涌进我的脑海。它们是在什么时候、又是怎样进来的呢？我不知道，而且与我无关。我把那些令我满意的思绪留在脑中，并轻轻地哼唱它们。至少别人曾告诉我，我是这样做的。一旦我确定了主旋律，另一个旋律就会按照整个乐曲创作的需要连接到主旋律上，其它的配合旋律和每一种乐器及所有的曲调片断也一一参与进来，最后就产生出完整的作品。"

画坛巨匠梵高在谈到自己的创作经验时曾描述这样一种体验："当我正在树林中稍有倾斜的地面上作画时，这块地周围铺满了山毛榉的逐渐褪色的落叶。在夕阳的辉映下，这些落叶被染成了深深的棕红色。这种色彩是如此的艳丽，以至于你无法想象有哪一种地毯的颜色能与之相比。问题是如何能表现出这种神奇的色彩、坚实的土地和巨大的生命力，这是一个十分困难的问题。在我绘下这幅景象的时候，我第一次发现黄昏时分竟有如此多彩的光线，画家应在保持夕阳余辉和丰富色彩的同时把握住这些光线。"

由上述两位艺术家的不同体会和感受中，不难看出，艺术类创造性活动中的思维过程具有以下特点：

① 思维的材料主要是反映事物属性的各种表象：音乐家主要是用事物的听觉表象，画家和文学家则主要是用事物的视觉表象。

② 思维的过程主要是潜意识思维（即灵感出现的瞬间），是突如其来的。如莫扎特所言，"它们是在什么时候、又是怎样进来的呢？我不知道，而且与我无关"；梵高对黄昏日落曾经见过千百次，但对夕阳和色彩的真正领悟只是在林中作画时才突然闪现。思维主体对这一过程事先不能觉察，也无法用言语描述，所以艺术灵感的孕育与发生是潜意识的思维过程。

③ 思维的成果是前所未有的、富有艺术魅力的、能给人以深刻美感的全新的艺术形象。这种全新的艺术形象对于作曲家来说是以事物的听觉形象来体现的，画家用视觉形象来体现，文学家则用典型人物的形象来体现。

④ 整个艺术创造的思维过程离不开逻辑思维的指引。

艺术创造的思维过程其主要思维材料是事物表象，因此基本上是属于形象思维过程。灵感的出现虽然有其突发性、偶然性，事先无法察觉，但却并非凭空而来。莫扎特作品的形成要先确定一个主旋律，这个主旋律或主题一般是要通过逻辑分析、推理才能确定的。梵高之所以能从人们司空见惯的黄昏景象中，发现夕阳染红落叶的神奇色彩和蕴含其中的巨大美学价值，从而激起灵感，创做出不朽名画，是因为他事先对荷兰绘画界关于色彩的忽视有中肯的分析与研究。这种中肯的分析与研究，显然离不开深刻的逻辑思维。可见，艺术创作的思维过程，决不仅仅是形象思维过程，其中必然包含逻辑思维，形象思维离不开逻辑思维的指引与调控，否则，将迷失方向。任何伟大的艺术作品都是高度发展的形象思维与深刻的逻辑思维有机结合的产物。

2. 科学类创造性活动的思维过程及特点

阿基米德原理的发现是历史上运用直觉思维实现科学领域理论突破的一个著名例子。阿基米德所在国家的摄政者得到了一顶黄金制成的皇冠，他让阿基米德想办法来测定一下该皇冠是否纯金。由于皇冠的体积很不规则，阿基米德冥思苦想了好长时间，一直找不到可行的测量方法。一天晚上，当他在浴盆中坐下准备洗澡的时候，盆中的水面升高了。这个往常从未注意过的现象却一下子让他突然领悟到水面升高的体积很可能等于他的身体浸入水中部分的体积，而这正是测量不规则物体体积的既简单又可行的办法。于是，阿基米德依靠这个偶得的灵感解决了皇冠的鉴别问题。阿基米德的成功在于他凭直觉从两种表面看似乎毫不相干的事物中发现了它们之间内部隐藏着的相互联系。

牛顿发现万有引力定律的过程也与此类似。千百年来，曾经有多少人无数次看到过苹果落地及其他类似的自由落体现象，但是从来没有人考虑过这一现象与月球绕地球转动之间有什么关系。只有牛顿思考了这个问题，并且敏锐地觉察出这两种现象之间的内隐关系，都是由地球的引力所造成，在此基础上经过严密的计算和逻辑推理以后，牛顿终于揭示了万有引力定律。

在科学类创造性活动中使用形象思维的例子也很多。可以说任何一项科学发现或创造发明都需要有高度的想象力，都离不开联想、想象。

响尾蛇的视力本来很差，对它周围很近的物体都看不清，但是在黑夜中它却能准确地捕获十多米外的田鼠。生物学家发现其秘密在于它的眼睛和鼻子之间的颊窝，这个部位是一个生物红外线感受器，能感受到远处动物活动时发出的微量红外线，从而进行热定位。美国导弹专家由此产生联想，进而设计出能自动跟踪目标的"响尾蛇"红外跟踪导弹。这是运用生物的热定位机能进行联想，从而研制出仿生武器的例子。

20 世纪最伟大的物理学家爱因斯坦，根据自身的体会描述了科学创造活动中思维过程的两个阶段：第一阶段是指利用"视觉"和"肌肉"类型的思维元素（即以视觉表象与动觉表象作为思维加工对象）进行直觉思维或形象思维。在与科学类创造性活动有关的直觉思维中主要是利用空间关系表象，在与科学类创造性活动有关的形象思维中主要是利用事物的属性表象。在这一阶段中，通过直觉思维先把握事物的本质属性特性或复杂事物之间的内隐关系，然后才进入第二阶段，即选用适当的词语概念来进行逻辑分析、推理，用来论证和检验直觉思维和形象思维结果的正确性。简而言之，爱因斯坦在这里所说的第一阶段就是直觉思维或形象思维阶段，第二阶段则是逻辑思维阶段。爱因斯坦在科学类的创造性活动中更为强调的是第一阶段即（直觉思维或形象思维）的作用，正因为如此，所以爱因斯坦曾明确宣称："我相信直觉和顿悟"。

由上述科学发现的事例可以看出，科学类创造性活动中的思维过程具有以下几个特点：

① 科学类创造性活动的目的是要揭示事物的本质和发现自然界或人类社会中的运动变化规律，因而这种创造性活动中思维过程的主要材料必然是反映事物属性的"客体表象"和反映结构关系的"空间关系表象"。

② 潜意识过程中科学创造性活动的高潮，即顿悟出现的瞬间是突如其来的、偶然的。例如，阿基米德想要证实皇冠是否纯金制作，但一直找不到合适的方法。当他坐进浴盆时，才突然领悟。牛顿通过苹果落地而发现万有引力定律，也有这种突发性和偶然性，即这种顿悟是事先不能预期的，其形成过程也无法用言语来描述。可见科学领悟的孕育与发生是一种潜意识的思维过程。

③ 思维的成果是未曾被揭示过的、具有科学价值，能对人类文明与进步产生推动作用的新理论、新方法。在这种理论的指导下，可以开发出用于解决相关领域实际问题的程序、措施或窍门。

④ 整个科学创造性的思维过程离不开逻辑思维的指引、调控和验证。

科学创造性活动中的思维过程的主要思维材料是"关系表象"和"客体表象"，因此属于直觉思维或形象思维过程。科学创造活动的顿悟则属于直觉思维或形象思维的高级阶段。顿悟的出现虽然有其突发性、偶然性，但却并非凭空而来。阿基米德之所以能顿悟到浴盆水面的上升是他解决当前问题的关键，是因为他事先通过逻辑分析和推理知道，解决问题的关键是如何测量出皇冠的体积。正是在这一逻辑思维结果的指引下，阿基米德才把自己直觉思维的焦点指向与皇冠体积测量相关联的事物，才有可能在盆浴过程中发生顿悟。除此以外，由直觉思维而产生的顿悟，尽管能对事物之间的复杂、内隐关系做出快速的综合判断，但不能保证这种判断必定正确。同时，这种整体综合判断，也不一定就满足问题在量化方面的要求。因此，对于顿悟的结果，通常还要通过逻辑思维来加以论证、检验，并进行精确的定量分析。

5.2 创造性思维的心理模型

英国生理学家高尔顿于 1869 年发表的《遗传的天才》一书是最早的关于创造力研究的系统科学文献。此后，国外及国内的心理学家对于创造性思维从不同的侧重点进行了研究，下面我们看几个比较典型的心理模型。

5.2.1 沃拉斯的"四阶段模型"

美国心理学家约瑟夫·沃拉斯（J.Wallas）于 1945 年发表的《思考的艺术》一书中，运用科学方法对创造性思维所涉及的心理活动过程进行了较深入的研究。沃拉斯首次对创造性思维提出了包括准备、孕育、明朗和验证四个阶段的创造性思维一般模型，至今在国际上仍有较大的影响。

沃拉斯认为，任何创造性思维活动都要包括准备、孕育、明朗和验证四个阶段。每个阶段都有各自不同的操作内容及目标。

① 准备阶段：熟悉所要解决的问题，了解问题的特点。为此，要围绕问题搜集并分析有关资料，在此基础上逐步明确解决问题的思路。

② 孕育阶段：创造性思维活动所面临的必定是前人未能解决的问题，尝试运用传统方法或已有经验必定难以奏效，只好把欲解决的问题先暂时搁置。表面上看，认知主体不再有意识地去思考问题而转向其他方面，实际上是用右脑在继续进行潜意识的思考。这是解决问题的酝酿阶段，也叫潜意识加工阶段。这段时间可能较短，也可能延续多年。

③ 明朗阶段：经过较长时间的孕育后，认知主体对所要解决问题的症结由模糊而逐渐清晰，于是在某个偶然因素或某一事件的触发下豁然开朗，一下子找到了问题的解决方案。由于这种解决方案往往是突如其来的，所以一般称之为灵感或顿悟。事实上，灵感或顿悟并非一时心血来潮、偶然所得，而是前两个阶段中认真准备和长期孕育的结果。

④ 验证阶段：由灵感或顿悟所得到的解决方案也可能有错误，或者不一定切实可行，所以还需通过逻辑分析和论证以检验其正确性与可行性。

沃拉斯"四阶段模型"的最大特点是显意识思维（准备和验证阶段）和潜意识思维（孕育和明朗阶段）的综合运用，而不是片面强调某一种思维，这是创造性思维赖以发生的关键所在，也是该模型至今仍有较大影响的根本原因。

5.2.2 刘奎林的"潜意识推论"

1986 年，我国研究思维科学的学者刘奎林发表了一篇颇有影响的论文"灵感发生论新探"。该文对灵感的本质、灵感的特征和灵感的诱发等问题作了较深入的探索，并力图在 20 世纪 80 年代国际上已取得的科学成就（特别是脑科学、心理学与现代物理学等方面的成就）的基础上，对灵感发生的机制做出比较科学的论证。该文提出了一种被称之为"潜意识推论"的理论，并运用这种理论建立了"灵感发生模型"。

刘奎林的创造性思维模型是建立在他所提出的"潜意识推论"的理论基础上的，要了解该模型就需要先介绍"潜意识推论"。19 世纪德国的物理学家和生理学家亥姆霍兹(H.V.Helmholtz) 在谈到知觉时就经常使用"无意识推论"这个术语。刘奎林借用了这个术语，但赋于它全新的涵义。刘奎林的所谓"潜意识推论"是指未被意识到的一种特殊推论。它是信息同构与脑神经系统功能结构的建构之间相互作用、相互制约的辨证发展过程。

这里所说的"信息同构"是指当前知觉到的关于客观事物的信息（以下简称为"当前知觉信息"或"输入信息"）与大脑中原来存储的经验信息（以下简称为"经验信息"）之间的一种整合过程。这里所说的"脑神经系统功能结构的建构"是指客观事物的信息作用于个体的感官，使之产生知觉之后，形成强弱程度不同的电流，刺激脑细胞的大分子，从而发生电位变化和化学变化，并引起神经系统功能结构的变化。然后脑细胞的某一分子就与某一种信息产生暂时或固定的联系，成为某一信息的载体和确定的信号。这就完成了某一脑细胞分子功能结构的建构。

在信息同构过程中，通过当前知觉信息与原有经验信息之间的辨认、匹配、映射等整合作用，不断驱使脑细胞大分子功能结构发生变化。这就是潜意识推论得以发生的神经生理基础。

显意识推理和潜意识推论是人类意识活动的两种不同方式。所不同的是，潜意识推论不像显意识推理那样自觉意识强，并以清晰的概念进行分析、综合、归纳、演绎等逻辑推理；它是新输入的知觉信息和过去的经验信息相互整合，并有和这种整合相关的大脑生理功能结构的建构与之配合的辨证发展过程。因此，潜意识推论是一种理性的、非归纳、非演绎的非逻辑推论。

刘奎林在阐述了关于潜意识推论的上述原理以后，提出了如下所述的灵感思维发生过程模型：

① 首先，显意识把认知主体当前正在积极思考并寻找解决办法的课题，作为"指令性信息"输送给潜意识。这是灵感发生的前提，潜意识推论活动就是围绕这条"主线"进行的。这种指令性信息，不管是以光波、声波、压力、温度等形式出现，还是以形象、语言、概念出现，都一律转换成生物电流脉冲信号，并通过神经纤维传给右脑（刘奎林认为潜意识在右脑）。

② 显意识把"指令性信息"传给潜意识后，由于自我意识的强烈要求，使形成的电流脉冲信号的时空分布呈现"光亮"（比平时强烈得多的）信息，从而促使新输入知觉信息与已有经验信息之间的同构活动加快，也使右脑神经网络功能的重新建构配合更为默契，最后得到潜意识推论后的"新信息"或"良好图形"。

③ 将第二步整合的结果再次反馈到显意识。显意识对反馈信息以抽象思维、形象思维等形式进行综合分析。鉴别后，如不符合要求，则又以新的指令性信息输送给潜意识。

④ 如此往复多次，一旦将合目的的推论结果涌向潜意识，便会顿时获得柳暗花明的感觉，这表明灵感迸发了。

刘奎林认为，"灵感思维作为人类的一种基本思维形式，同抽象思维、形象思维一样，都属于人脑这块特殊物质的高级反映形式。灵感思维的发生也有一个过程，只不过不是在显意识之内，而是在潜意识内。潜意识孕育灵感时，除了靠潜意识推论，还有显意识功能的通融合作，当孕育成熟就会突然沟通，涌现于显意识，成为灵感思维。"由这段论述可以看出，刘奎林所说的灵感思维实质上就是创造性思维。

5.2.3　吉尔福特的"发散性思维"

所谓发散性思维（Divegent Thinking）是指不依常规，寻求变异，有多种答案的一种思维形式。它要求沿着各种不同的方面去思考，重组眼前的信息和记忆系统中的信息多面性。

发散性思维由流畅性、变通性和独特性三个因素构成，发散性思维是创造行为的关键成分。

发散思维又叫求异思维、逆向思维、多向思维，是创造性思维结构的一个组成要素。但不是人类思维的基本形式，其作用只是为创造性思维活动指明方向，即要求朝着与传统的思想、观念、理论不同的另一个或多个方向去思维；发散思维的实质是指要冲破传统思想、观念和理论的束缚。对发散思维要确立以下几点基本认识：

① 发散思维是创造性思维结构中的一个要素，但不等于是创造性思维的全部。发散思维在创造性思维中起目标指向（即确定思维方向）的作用，思维的方向性问题在创造性思维活动中具有决定性意义，因此，发散思维的作用决不能低估，但它不能解决创造性思维活动中的一切问题。

② 发散思维没有自身特定的思维材料，也没有自己特定的思维加工手段或方法，因为它不是人类思维的基本形式，所以不可能成为创造性思维活动的主体（即主要过程），它只起指引思维方向的作用。主要的创造性思维过程只能由另外三个要素（形象思维、直觉思维、时间逻辑思维）来实现，发散思维不应该也不可能越俎代庖。

1967 年，美国加州大学心理学家吉尔福特（J.P.Guilford）在对创造力进行详尽的因素分析的基础上，提出了"智力三维结构"模型。吉尔福特认为，人类智力应由三个维度的多种因素组成：第一维是指智力的内容，包括图形、符号、语义和行为四种；第二维是指智力的操作，包括认知、记忆、发散思维、聚合思维和评价五种；第三维是指智力的产物，包括单元、类别、关系、系统、转化和蕴涵六种。这样，由四种内容、五种操作和六种产物共可组合出 $4 \times 5 \times 6 = 120$ 种独立的智力因素。后来，在 1971 年和 1988 年吉尔福特又对该模型做了修改、补充，最后成为具有 180 个因素的三维结构。

吉尔福特认为，创造性思维的核心就是上述三维结构中处于第二维度的"发散思维"。发散思维也叫求异思维、逆向思维、多向思维。它不是一种基本的思维方式，因为它不涉及思维的材料和思维的过程，只是根据思维对目标的"指向"这一种特性（是集中还是分散，是单一目标还是多重目标，是考虑正方向还是考虑反方向，是求同还是求异），对思维做出的区分。其目的是为了打开人们的思路，扩展人们的视野而不至于受传统思想、观念和理论的限制与束缚。吉尔福特和他的助手们托伦斯等人着重对发散思维作了较深入的分析，在此基础上提出了关于发散思维的主要特征：

- 流畅性（fluency）：在短时间内能连续地表达出的观念和设想的数量；
- 变通性（flexibility）：能从不同角度、不同方向灵活地思考问题；
- 独创性（originality）：具有与众不同的想法和独出心裁的解决问题思路。

吉尔福特针对这些特征研究出一整套测量这些特征的具体方法。然后，又把这种理论应用于教育实践，围绕上述指标来培养发散思维，使发散思维的培养变成了可操作的教学程序。尽管创造性思维不等同于发散思维，但是对于创造性思维的研究与应用来说，是一个很大的跨越。

5.2.4 何克抗的"创造性思维模型"

何克抗认为，创造性思维过程中涉及的思维形式有发散思维、形象思维、直觉思维、时间逻辑思维、辨证思维和横纵思维六种。也就是说，创造性思维过程应当由发散思维、形象思维、时间逻辑思维、辨证思维和横纵思维六个要素组成。这六个要素并非互不相关、彼此孤立地拼凑在一起，也不是平行并列、不分主次地结合在一起，而是按照一定的分工，彼此互相配合，每个要素发挥各自不同的作用。对于创造性思维来说，有的要素起的作用更大一些，有的要素起的作用相对小一些，但是每个要素都是必不可少的，都有各自不可替代的作用，从而形成一个有机的整体创造性思维结构。

在此基础上，通过对非随意创造思维加工过程的深入分析，提出了关于非随意创造思维的心理模型——内外双循环模型（Inside and Outside Circulation Model，简称 Double Circulation Model，或 DC 模型）。内循环主要涉及的思维过程包括：时间逻辑思维、发散思维、形象思维（包括对事物属性表象的联想、想象、分析、综合、抽象、概括等心理操作）、直觉思维（包括对事物关系表象的整体把握、直观透视和快速综合判断）；外循环则主要涉及时间逻辑思维。

DC 模型的核心是内外双重循环的反复交互作用。其中内循环是在"显意识激励"与"潜意识探索"这两种心理操作之间循环，其作用是要实现创造性突破。围绕显意识提出的创造性目标（即环 A 的指令）形成灵感或顿悟；外循环则是在"显意识激励"、"潜意识探索"与"显意识检验"等三种心理操作之间循环，其作用是对内循环的思维成果（即灵感或顿悟的结果）进行检验：如果未能通过检验，则根据当前思维成果与原定创造性目标之间的差距，适当修改环 A 的指令，然后重新转入内循环去进行新一轮的潜意识探索；如果能通过，表明原定创造性目标已经达到，于是创造性思维过程结束。

在内外双重循环中，对于创造性突破来说，关键是内循环。内循环既与显意识思维有关，受显意识思维的激励、指引与调控，更与潜意识思维有关，而且主要是在潜意识中进行；外循环将内循环包含其中，所以从整体上看，它也与潜意识思维有关。但是若把内循环看做一个独立环节，则外循环本身就只与显意识思维（即时间逻辑思维）有关。这表明，我们在进行创造性思维培养时，应当紧紧抓住内循环这个关键，与此同时，也要兼顾外循环。该模型清晰地阐明了非随意创造思维的心理操作过程与加工机制，依据该模型进行创造性思维的培养与训练，对促进创造型人材的成长有重要意义。

具体来讲，发散思维主要解决思维的目标指向，即思维的方向性问题；辨证思维和横纵思维为高难度复杂问题的解决提供有效的指导思想与加工策略；形象思维、直觉思维和时间逻辑思维则是人类的三种基本思维形式，也是实现创造性思维的主体。也就是说，创造性思维结构由以下层次组成：

- 一个指针（发散思维）——用于解决思维的方向性；
- 两条策略（辨证思维、横纵思维）——提供宏观的哲学指导和微观的心理加工策略；
- 三种思维（形象思维、直觉思维、时间逻辑思维）——用于构成创造性思维过程的主体。

5.3　激发创意的方法

如果说设计是一种创造性行为，其主体是设计师，那么决定这个活动创新性的最关键的因素是设计师创造性设计思维能力的强弱，所以如何培养设计师的创造性思维能力，也是工业设计心理学中的一个重要的问题。从本质上讲，每个人都有创新的意识并存在着创造的潜能，人人都具有内在的设计潜力。而对设计师来讲，正确的思考方法是获得，创造性构想是设计的起源，而经验是丰富构想的源泉，加上就能酝酿出富有创意的构想来。下面是几个激发创意的方法。

5.3.1　头脑风暴法

头脑风暴法是一种从心理上激励群体创新活动的最通用的方法，是美国企业家、创造学家奥斯本于 1938 年创立的。常作为发散思维训练的借鉴。

头脑风暴（Brain Storming）原是精神病理学的一个术语，是指精神病人在失控状态下的胡思乱想。奥斯本借此形容创造性思维自由奔放、打破常规，创新设想如暴风骤雨般地激烈涌现。为了排除由于害怕批评而产生的心理障碍，奥斯本提出了延迟评判原则。他建议把产生设想与对其评价过程在时间上分开进行，要由不同的人参加这两种过程。具体作法如下。

1. 头脑风暴法小组的组成

（1）设立两个小组

每组成员各为 4~15 人（最佳构成为 6~12 人）。

第一组为"设想发生器"组，简称设想组。其任务是举行头脑风暴会议，提出各种设想。第二组为评判组，或称"专家"组。其任务是对所提出设想的价值做出判断，进行优选。

（2）主持人的人选

两个小组的主持人，尤其是头脑风暴法会议的主持人对于头脑风暴法能否成功是至关重要的。主持人要有民主作风，做到平易近人、反应机敏、有幽默感，在会议中既能坚持头脑风暴法会议的原则，又能调动与会者的积极性，使会议的气氛活跃。主持人的知识面要广，对讨论的问题有比较明确和比较深刻的理解，以便在会议期间能善于启发和引导，把讨论引向深入。

（3）组员的人选

设想组的成员应具有抽象思维的能力、纵恣幻想的能力和自由联想的能力，最好预先对组员进行创造技法的培训。评判组成员以有分析和评价头脑的人为宜。两组成员的专业构成要合理，应保证大多数组员都是精通该问题或该问题某一方面的专家或内行。同时，也要有少数外行参加，以便突破专业习惯思路的束缚。应注意组员的知识水准、职务、资历、级别等，应尽可能大致相同。高级干部或学术权威的参加，往往会出现对他们意见的趋同或是一般组员不敢"自由地"提出设想的不利情况。

2. 头脑风暴法会议的原则

（1）自由畅想原则

要求与会者自由畅谈。任意想象，尽情发挥，不受熟知的常识和已知的规律束缚。想法越新奇越好，因为设想越不现实，就越能对下一步设想的产生过程起更大的启发作用。错误的设想是催化剂，没有它们就不能产生正确的设想。

（2）严禁评判原则

对别人提出的任何设想，即使是幼稚的、错误的、荒诞的都不许批评。不仅不允许公开的口头批评，就连以怀疑的笑容、神态，手势等形式的隐蔽的批评也不例外。同时，这一原则也要求与会者不能进行肯定的判断。因为这样会使其他与会者产生一种被冷落感，也容易造成一种"已找到圆满答案而不值得再深思下去"的错觉，从而影响创造性的发挥。

（3）谋求数量原则

会议强调在有限时间内提出设想的数量越多越好。会议过程中设想应源源不断地提出来，为了更多地提出设想，可以限定提出每个设想的时间不超过两分钟，当出现冷场时，主持人要及时地启发、提示或是自己提出一个幻想性设想使会场气氛重新活跃起来。

（4）借题发挥原则

会议鼓励与会者用别人的设想开拓自己的思路，提出更新奇的设想，或是补充他人的设想，或是将他人若干设想综合起来提出新的设想。

3. 头脑风暴法的实施步骤

（1）准备阶段

准备阶段包括产生问题、组建头脑风暴法小组、培训主持人和组员及通知会议的内容、时间和地点。

（2）热身活动

为了使头脑风暴法会议能形成热烈和轻松的气氛，使与会者的思维活跃起来。可以做一些智力游戏、猜谜语、讲幽默小故事或者出一道简单的练习题，如"花生壳有什么用途"。

（3）明确问题

由主持人向大家介绍所要解决的问题。问题提得要简单、明了、具体。对一般性的问题要把它分成几个具体的问题。比如，"怎样引进一种新型的合成纤维"的问题很不具体，至少应该分成三个小问题：第一，"提出把新型纤维引进纺织厂的设想"。第二，"提出一些将新型纤维引进服装店的设想。"第三，"提出一些新型纤维引进零售商店的设想"。

（4）自由畅谈

由与会者自由地提出设想。主持人要坚持原则，尤其要坚持严禁评判的原则。对违反原则的与会者要及时制止。如坚持不改可劝其退场。会议秘书要对与会者提出的每个设想予以记录或是做现场录音。

（5）会后收集设想

在会议的第二天再向组员收集设想，这时得到的设想往往更富有创见。

（6）如问题未能解决，可重复上述过程

在用原班人马时，要从另一个侧面或用最广义的表述来讨论课题，这样才能变已知任务为未知任务，使与会者思路轨迹改变。

（7）评判组会议

对头脑风暴法会议所产生的设想进行评价与优选应慎重行事。务必要详尽细致地思考所有设想，即使是不严肃的、不现实的或荒诞无稽的设想也应认真对待。

5.3.2　联想法

联想法是依据人的心理联想而发明的一种创造方法。普通心理学认为，联想就是由一事物想到另一事物的心理现象。这种心理现象不仅在人的心理活动中占重要地位，而且在回忆、推理、创造的过程中也起着十分重要的作用。许多新的创造都来自于人们的联想。联想可以在特定的对象中进行，也可在特定的空间中进行，还可以进行无限的自由联想。这些联想都可能产生出新的创造性设想，获得创造的成功。还可从联想的不同类型，发现不同的联想方法，去进行发现、发明和创造。联想的方法一般分为对比联想法、自由联想法、接近联想法和强制联想法。

1. 接近联想法

发明者在时间、空间上联想到比较接近的事物，从而设计出新的发明项目，这就叫做接近联想法。例如，1939 年，德国化学家哈思和奥地利物理学家麦特纳宣布一项重大发现：中子在粒子加速器中轰击铀的现象。意大利物理学家费米在流亡美国时，对上述重大发现进行接近联想，于 1942 年 12 月成功地使一个石墨块反应堆里的中子引起裂变，从而产生核能。

2. 对比联想法

发明者由某一事物的感知和回忆引起跟它具有相反特点的事物的回忆，从而设计出新的发明项目，这就叫做对比联想法。发明者在进行联想构思时，联想构思的结果可能是已有的发明项目，可能是有意义的新发明项目，也可能是无意义的联想。由某一事物的感知和回忆引起和它具有相反特点的事物的回忆，叫做对比联想。

例如，黑、白，大、小，水、火，黑暗、光明，温暖、寒冷，它们既有共性，又具有个性。对比联想具有背逆性，运用了逆向思维。对比联想还具有挑战性。逆向思维有时能得出荒谬的结论，例如，有一位工程师赞颂了傻子。吸鸦片有害人的健康，但用鸦片却能给人治病。

3. 自由联想

自由联想是在人们的心理活动中，一种不受任何限制的联想。这种联想成功的概率比较低，大多都能产生许多出奇的设想，却难以成功，可往往会收到意想不到的创造效果。

如荷兰生物学家列文虎克就曾用自由联想方法发现了微生物。1675 年的一天，天上下着细雨，列文虎克在显微镜下已观察了很长一段时间，眼睛酸痛，便走到屋檐下休息。他看着那淅淅沥沥下个不停的雨，思考着刚才观察的结果，突然想到一个问题：在这清洁透明的雨水里，会不会有什么东西呢？于是，他拿起滴管取来一些雨水，放在显微镜下观察。没想到，竟有许许多多的"小动物"在显微镜下游动。列文虎克发现的这些"小动物"，就是微生物。这一发现打开了自然界一扇神秘的窗户，揭开了生命的新篇章。列文虎克正是通过自由联想而获得这一发现的。

4. 强制联想法

强制联想是与自由联想相对而言的，是对事物有限制的联想。这限制包括同义、反义、部分和整体等规则。一般的创造活动都鼓励自由联想，但在具体要解决某一个问题时，有目的地去发展某种产品，可采用强制联想。它使人们集中全部精力，在一定的控制范围内去进行联想，也能有所发明和创造，在创造活动中，这类创造发明的例子屡见不鲜。

例如，悬挂式多功能组合书柜就是采用"书柜"与"壁挂"的强制联想设计成功的。壁挂是装饰手段较丰富的室内装饰物。书柜与壁挂强制联想，把书柜按照形式美的规律做成像壁挂那么美观的形式，挂在墙上，放上书籍，使书柜有更广泛的表现力。

联想的方法很多，人们还可以从对象的因果关系去进行联想，也可依据事物的同类原则去进行联想，还可以从事物之间相关特性去进行联想。各种各样的联想方法都可以产生创造性设想，从而获得创造的成功。

5.3.3 组合创新法

组合创新法是一种很常用的创造技法，是指按照一定的技术需要，将两个或两个以上的技术因素（如性能、原理、功能、结构或模块等）通过巧妙的组合，去获得具有统一整体功能的新技术产物的过程。组合创新是很重要的创新方法。有一部分创造学研究者甚至认为，所谓创新就是把人们认为不能组合在一起的东西组合到一起。日本创造学家菊池诚博士说过："我认为搞发明有两条路，第一条是全新的发现，第二条是把已知原理的事实进行组合。"近年来也有人曾经预言，"组合"代表着技术发展的趋势。

总的来说，组合是任意的，各种各样的事物要素都可以进行组合。例如，不同的功能或目的可以进行组合；不同的组织或系统可以进行组合；不同的机构或结构可以进行组合；不同的物品可以进行组合；不同的材料可以进行组合；不同的技术或原理可以进行组合；不同的方法或步骤可以进行组合；不同的颜色、形状、声音或味道可以进行组合；不同的状态可以进行组合；不同领域、不同性能的东西也可以进行组合。两种事物可以进行组合，多种事物也可以进行组合。可以是简单的联合、结合或混合，也可以是综合或化合等。

1. 成对组合

成对组合是组合法中最基本的类型，它是指将两种不同的技术因素组合在一起的发明方法。依组合的因素不同，可分成材料组合、用品组合、机器组合、技术原理组合等多种形式。

第一，材料组合。是指对现有的原料不满意或希望它能满足某种要求，与另一种不同性能的材料组合起来，从而获得新材料。例如，诺贝尔为了把稍一震动就爆炸的液体硝化甘油做成固体易运输的炸药，将硝化甘油和硅藻土混在一起。第二，用品组合。将两个用品组合成一个用品，使之具有两个用品的功能，使用方便，如保温杯，带电子表的圆珠笔，带收音机的应急灯，有启罐头功能的水果刀等，这种用品组合一般是以一种用品的形式和功能为主，将另一种用品巧妙地置于该用品的形体之内。第三，机器的组合。是指把完成一项工作同时需要的两种机器或完成前后相接的两道工序的两台设备结合在一起，以便减少设备的数量，提高效率。它比用品组合复杂得多，如某厂用灰浆搅拌机拌灰浆时需加入麻刀，由于麻刀成团，需预先抽打疏松后方能加入搅拌机。为使灰浆与麻刀搅拌均匀且节省人力，把弹棉机的有关机构与搅拌机结合，先弹开麻刀，再用风力吹入搅拌机，收到了较好的效果。第四，技术原理组合。日常生活中所使用的焊锡便是利用铅和锡的低共熔现象。铅和锡的熔点分别为327℃和232℃，然而，铅和锡混合后却生成了熔点为183℃的合金（即焊锡）。

还有的组合是以某一特定对象为主体，通过置换或插入其他技术而发明或革新的方法，如在音响设备上加上麦克风的功能出现了卡拉 OK 机，在彩电设备中加上录放装置产生了录像机，在洗衣机中插入了甩干装置出现了全自动漂洗与甩干的功能等，有人把这种组合叫做内插式组合。以上各种成对组合，产生若增加对象也能形成更多的组合创造。

2. 辐射组合

辐射组合是以一种新技术或令人感兴趣的技术为中心，同多方面的传统技术结合起来，形成技术辐射，从而获得多种技术创新的发明创造方法。用通俗的话说，就是把新技术或令人感兴趣的技术进一步开发应用，这也是新技术推广的一个普遍规律。以人造卫星这种新技术为例，人造卫星技术成功以后，它与各种学科的辐射组合，发展了卫星电视转播、卫星通信转播、卫星气象预报、卫星导航、全世界的时间标准、生物进化科学，以及对月、行星、恒星等宇宙研究的各种技术。

这种辐射组合的中心点是新技术，若把这个中心点改为一项具有明显优点、具有人们所喜爱的特征，也可以考虑用辐射组合来开发产品。例如，闪光技术，小电机等也有许多辐射组合的新产品。以家用电器为例，由于电进入家庭，由电的辐射组合，现已发展了众多的家用电器。此外，还有一种类似辐射组合的方法，即某事物寻求改进或创新，将此事物作为中心点，将一些与改进事物毫不相干的，甚至风马牛不相及的事物强行组合，这种组合大多数可能是无意义的、荒唐的，但往往也可以从中找到有价值的方案。这种组合又称为焦点组合法。该组合法实质上是焦点法和强制联想法的结合。

3. 形态分析组合

形态分析组合也称形态分析法，是瑞典天文物理学家卜茨维基于1942年提出的，它的基本理论是一个事物的新颖程度与相关程度成反比，事物（观念、要素）越不相关，创造程度越高，更易产生更新的事物。该组合法的做法是将发明课题分解为若干相互独立的基本因素，找出实现每个因素功能所需求的可能的技术手段或形态，然后加以排列组合得到多种解决问题的方案，最后筛选出最优方案。

例如，要设计一种在火车站运货的机动车，根据对此车的功能要求和现有的技术条件，可以把问题分解为驱动方式、制动方式和轮子数量三个基本因素。对每个因素列出几种可能的形态，如驱动方式有柴油机、蓄电池，制动方式有电磁制动、脚踏制动、手控制动，轮子数量有三轮、四轮、六轮，组合后得到的总方案数为 $2 \times 3 \times 3 = 18$ 种。最后筛选出可行方案或最佳方案。

由于所得方案是从各种方案中选出的，因此，形态分析组合的特点是具有全解系性质。另一特点是具有形式化性质，它需要的不仅是发明者的直觉和想象，还是依靠发明者认真、细致、严谨的工作及精通与发明课题有关的专门知识。第三个特点是该组合法有较高的实用价值，它不仅运用于发明创造，而且也适用于管理决策、科学研究等方面，从而引起人们的普遍重视。

5.3.4　逆向异想法

发明者运用逆向思维来构思发明项目，从而设计出新产品或发明出新方法，这就叫做逆向异想法。电子之父（电磁学奠基人）、英国的法拉第是一位逆向思维科学家。1820 年奥斯特发现了金属导线通电后，在其周围产生磁场，能使附近的磁针偏转。这一消息引起法拉第注意，他想，既然"电能生磁"，我为什么不能"把磁变成电"呢？法拉第通过试验，终于发现了在磁场中运动的金属导线中能够产生电流，1831 年他运用逆向异想法发明了直流发电机。同时，在这个时期他还发明了玩具电动机。

美国的爱迪生运用逆向异想法发明了留声机。1877 年，他在试验改进电话时，意外地发现传话器里的膜板随着说话声音会引起相应的震动。话声低，颤动慢；话声高，颤动快。他想，既然说话的声音能使短针颤动，那么，反过来，这种颤动能否使它发出原先的说话的声音呢？根据这一设想，终于制造出了世界上第一架会说话的机器——留声机。

5.3.5　5W2H法

发明者用 5 个以 W 开头的英语单词和两个以 H 开头的英语单词进行设问，发现解决问题的线索，寻找发明思路，进行设计构思，从而搞出新的发明项目，这就叫做 5W2H 法。

在发明设计中，对问题不敏感、看不出毛病是与平时不善于提问有密切关系的。对一个问题追根刨底，就有可能发现新的知识和新的疑问。所以从根本上说，学会发明首先要学会提问，善于提问。阻碍提问的因素，一是怕提问多，被别人看成什么也不懂的傻瓜；二是随着年龄和知识的增长，提问欲望渐渐淡薄。如果提问得不到答复和鼓励，反而遭人讥讽，结果在人的潜意识中就形成了这种看法：好提问、好挑毛病的人是扰乱别人的讨厌鬼，最好紧闭嘴巴，但是这恰恰阻碍了人的创造性的发挥。

提出疑问对于发现问题、解决问题是极其重要的。创造力高的人，都具有善于提出问题的能力。众所周知，提出一个好的问题，就意味着问题解决了一半。提问题的技巧，可以发挥人的想象力。相反，有些问题提出来，反而挫伤想象力。发明者在设计新产品时，常常提出：为什么（Why）；做什么（What）；谁（Who）；何时（When）；何地（Where）；怎样（How）；多少（How much），这就构成了 5W2H 法的总框架。如果提问题中常有"假如……"、"如果……"、"是否……"这样的虚构，就是一种设问，设问需要更高的想象力。

5W2H 法的一般步骤如下。

（1）检查原产品的合理性

① 为什么（why）。为什么采用这个技术参数？为什么不能有响声？为什么要做成这个形状？为什么采用机器代替人力？为什么产品的制造要经过这么多环节？

② 做什么（What）。条件是什么？哪一部分工作要做？目的是什么？重点是什么？与什么有关系？功能是什么？规范是什么？工作对象是什么？

③ 谁（who）。谁来办最方便？谁会生产？谁可以办？谁是顾客？谁被忽略了？谁是决策人？谁会受益？

④ 何时（when）。何时要完成？何时安装？何时销售？何时是最佳营业时间？何时工作人员容易疲劳？何时产量最高？何时完成最为时宜？需要几天才算合理？

⑤ 何地（where）。何地最适宜某物生长？何处生产最经济？从何处买？还有什么地方可以做销售点？安装在什么地方最合适？何地有资源？

⑥ 怎样（How）。怎样做省力？怎样做效率最高？怎样改进？怎样避免失败？怎样求发展？怎样增加销路？怎样使产品更加美观？怎样使产品用起来方便？

⑦ 多少（How much）。功能指标达到多少？销售多少？成本多少？输出功率多少？效率多高？尺寸多少？重量多少？

（2）找出主要优缺点

如果现行的做法或产品经过 7 个问题的审核已无懈可击，便可认为这一做法或产品可取。如果 7 个问题中有一个答复不能令人满意，则表示这方面有改进余地。如果哪方面的答复有独创的优点，则可以扩大产品这方面的效用。

（3）决定设计新产品

克服原产品的缺点，扩大原产品独特优点的效用。

本文列举的激发创意的方法是比较常见和容易操作的方法，除此之外，还有许多，例如，类比法、移植法、KJ 法、信息交合法等。工业设计人员要熟练掌握这些方法，训练自己的思维，努力提高自己思维的创造性。在此基础上运用自己的专业知识，就一定能够设计出有创造性的产品。

5.4   创造性思维在设计中的应用

在产品设计中，创新思维贯穿于整个设计活动的始终，创新是设计的核心。设计活动是一个创造性设计思维的过程，创新与否已成为现代工业设计的成败的关键。更好地利用创新思维方法可以帮助人们更好地进行现代工业设计。

5.4.1   产品创新的类型

产品创新是新产品在经济领域中的成功运用，包括对现有生产要素进行重新组合而形成新的产品的活动。产品的创新是一个全过程的概念，既包括新产品的研究开发过程，也包括新产品的商业化扩散过程。根据创新的内容不同，可以分为两类产品创新：一类是运用工业设计的技术及方法，以产品需求为基础，开发出全新的产品，称为原创型设计创新。对应于产品设计也称全新型创新设计。另一类是运用现代工业的设计方法对原有产品进行外观及内部结构的优化与改进，实现局部改进创新，称为次生型设计创新。对应于产品设计也称为改良型产品设计。实际上，人类数百年的工业发展史中，开创性的原创型设计创新产品所占的比例微乎其微，大量实用性高的创新产品都是次生型设计创新的产物。严格意义上的创新设计是指原创型产品设计。

原创型产品创新设计也可以分为两类：一类是根本式创新设计，它是指企业首次向市场导入的、能对经济产生重大影响的创新产品或新技术。根本式创新包括全新的产品或采用与原产品技术完全不同技术的产品,是创意产生过程中最为复杂和辛苦、时间最长的过程。比如，计算机、MP3 播放器、纳米技术、彩屏技术的创新。根本式创新的产品往往是功能原理和实现技术的重大突破，是产品质的跨越，这类产品创新的内在动力是人的需求，从而填补了人类生活中的需求空白。另一类原创型产品设计是结合了新的技术，在市场新的需求下产生的。这些产品的设计往往引领了人们的生活方式。

5.4.2   技术创新与产品创新设计

技术创新和产品创新有密切关系，却又有所区别。技术的创新可能带来但未必定能带来产品的创新，产品的创新可能需要但未必一琮需要技术的创新。一般来说，运用同样的技术可以生产不同的产品，生产同样的产品可以采用不同的技术。产品创新侧重于商业和设计行为，具有成果的特征，因而具有更外在的表现；技术创新具有过程的特征，往往表现得更加内在。

技术创新可能并不会带来产品的改变，而仅仅带来成本的降低、效率的提高，例如，改善生产工艺、优化作业过程从而减少资源消费、能源消耗、人工耗费或提高作业速度。另一方面，新技术的诞生，往往可以带来全新的产品，技术研发往往对应于产品或着眼于产品创新;而新的产品构想,往往需要新的技术才能实现。创新产品是随着技术的更新而同步进行的，特别是一项新的技术的发明，能够给产品创新带来崭新的设计空间。

实例——纳米技术及相关产品的创新

纳米是长度度量单位，一纳米为十亿分之一米。纳米技术的灵感来自于已故物理学家、诺贝尔物理学奖得主理查德·费曼在 1959 年所做的题为《在底部还有很大空间》的演讲。这位当时在加州理工大学任教的教授向同事提出了一个新的想法。从石器时代开始，人类从磨尖箭头到光刻芯片的所有技术，都与一次性地削去或者融合数以亿计的原子以便把物质做成有用的形态有关。费曼质问道，为什么我们不可以从另外一个角度出发，从单个的分子甚至原子开始进行组装，以达到我们的要求？他说："至少依我看来，物理学的规律不排除一个原子一个原子地制造物品的可能性。"1990 年，IBM 公司阿尔马登研究中心的科学家成功地对单个的原子进行了重排，纳米技术取得一项关键突破。目前，制造计算机硬盘读写头使用的就是这项技术。这项技术创新的产生不得不说是人类创新性思维的伟大成果。物理学家理查德·费曼是通过逆向思维达到了这一科学高峰的。

自纳米技术创新以来，根据纳米科技与传统学科领域的结合，人们将纳米科技分为纳米材料学、纳米电子学、纳米生物学、纳米化学、纳米机械学和纳米加工等。这给当今人类的生活和工作带来了巨大的影响。这一创新技术成果，也使一批创新产品随之产生，如图 5-1 所示，这是运用纳米技术设计的一款手机——纳米概念手机"软蛇"（NOKIA Morph）。它是由诺基亚开发研究中心与英国剑桥大学合作研发的。"软蛇"外形绚丽，可以随心所欲地变形，其造型如蛇般柔魅、妖异、神秘。借助神奇的纳米技术，它在给人以良好外观感觉的同时还可以自动清洁，"软蛇"的外壳可以抵抗汗液等成分的侵蚀，也能抵御指甲和锐器的轻度划伤，并且永远不会轻易就留下指纹。另外，此款概念手机具有先进的能源系统。借助纳米技术能帮助"软蛇"在表面形成太阳能吸收层和转化层。从吸收层吸收的太阳能，都会被转化成电能存储在电池中。

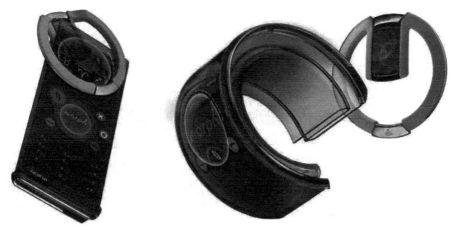

图5-1　可以弯曲的纳米概念手机"软蛇"

从上述案例可以看出，技术性创新往往给产品创新带来契机。很多全新型创新产品都是在技术性创新的基础上完成的，如图 5-2 所示，这是一款具有指纹识别技术的电脑硬盘。此产品整合了新一代滑动式生物电感应指纹识别传感器和世界一流的指纹识别算法，结合高强度的保护算法，在硬盘上开辟了一个指纹保护分区，用于存储用户私密数据。外观简洁、规范、整体感好，中部采用不锈钢金属，突显指纹识别特点。该产品获得了 2008 年中国创新设计红星奖。这款创新产品在已有的产品基础上，结合了最新的技术创新，因而满足了人们保护隐私的需求。在创新的过程中，组合式的思维方法起了关键的作用。

图5-2　具有指纹识别技术的电脑硬盘

5.4.3　组合创造思维与产品创新设计

新产品的创新设计来源于创造性思维，创新性思维比较实际容易实施的一个思维方法就是组合。组合创新法是一种常用的创造技法，是指按照一定的需要，将两个或两个以上的因素（如性能、原理、功能、结构或模块等）通过巧妙的组合，获得具有统一整体功能的新产物的过程。组合的创新方法适用于原创型创新设计，也适用于改良型创新设计。下面以具体的实例为线索来分析组合创新产品。

1. 同类型的形态进行组合

实例——碳纤维战车轮滑鞋

如图 5-3 所示，澳大利亚人迈克尔·詹金斯（Michael Jenkins）发明的这款新型轮滑鞋，将滑冰和自行车的功能集于一身。这个轮滑鞋的装置模仿人们骑自行车的原理：首先，将轮滑者的双脚和膝盖固定在一根轴上，然后让双脚踩在轮内侧安装的鞋内，利用膝盖带动双脚，从而带动双轮转动，双脚后跟各装有一个小滑轮保持稳定性。当双脚带动轮子向前转动时，滑轮者可以体验到滑雪和溜冰的速度感。相比传统旱冰鞋，这款轮滑鞋的重心更低，不仅使得轮滑者能滑得更快，而且操作性更强。不仅如此，这款轮滑鞋还可以在草地上滑行，或者带领人们穿越崎岖的地形。刹车的方法有两种，可以用双手抓住车轮刹车（当然双手要佩戴特制手套），或者用脚做一个 T 字型刹车动作。

图5-3　碳纤维战车轮滑鞋

这款发明已经获得 21 世纪 ABC 新发明计划（ ABC's New Inventors program ）"最受人们喜爱"奖。这款创新产品将把滑冰轮和自行车轮进行了组合，使产品的功能在保持速度的基础上还增加了稳固性，这是组合创造思维下产品设计的成功实例。

2. 不同领域不同功能的组合

实例——全交互式办公桌

近日，德国亚琛工业大学多媒体计算机研究组向公众展示了一款未来的全交互式办公桌（见图 5-4 ）。与现在的办公桌相比，这款未来办公桌巧妙地将"桌面"与"电脑"融合为一体，巨大的弯折显示屏不仅可以显示各种电子文件内容，还方便使用者直接用手进行操作。其先进的触控技术和便捷的操作方式可以更加有效地提高工作效率，同时也为人们办公带来更多方便，必将引领一场新的办公革命。这款新产品组合了桌面和电脑，满足了人们工作的多方面需求。

图5-4 未来交互式办公桌设计

3. 附加组合，一个附加的功能附带到一个产品的主体上

经常旅行的人外出所带的旅行箱到底可以放多少东西，才能不超出航空公司的限制呢？问题在 Baek Kil Hyun 设计的行李箱上（见图 5-5 ）就不会出现。因为设计者运用组合思维方法在手柄部分增加了一个计算重量的设计。在装好行李提起旅行箱时，上面就会显示的相应重量。

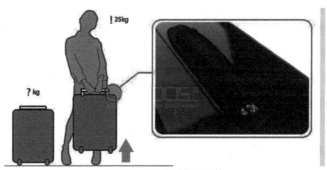

图5-5 可以称重的旅行箱

4. 结构的组合变换：产品的结构进行不同组合变化，产生创新产品

如图 5-6 所示，由 Chul Min Kang 和 Sung Hun Lim 设计的这款电源插座获得了 2006 年 Idea 工业设计奖。插座上的蓝色指示灯表示通电，如果用户将插座扭转 90° 将自动断电，防止现今电器普遍采用的待机模式浪费电力。另外，这款插座的模块化设计可以通过不同的组合方式，解决空间的问题。如图 5-7 所示的这款胶合板折叠椅设计，通过结构的折叠，可以完成从正常形态到 0.75 英寸厚的一张薄板的变化。方便整理、收纳和运输，也节约了包装空间。满足了小空间的家居需要。

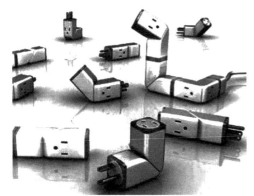

图5-6 E-Rope模块化电源插座　　　　图5-7 胶合板折叠椅

5.4.4 逆向性思维下的产品创新设计

世界著名科学家贝尔纳说过："妨碍人们创新的最大障碍，并不是未知的东西，而是已知的东西。"如果设计师在设计产品时，不知道传统的造型，那么对产品的设计创新性就高得多。而逆向思维就是打破已有的产品固有概念，用不同的思维方向来解决问题。逆向思维就是把思维方向逆转，用与原来相反的方法或用表面上看来不可行的违逆常规的方法，来解决问题的思维方式。例如日本夏普公司生产的电烤炉，一般而言，烧烤食品的"火点"应在食品的下方，但日本夏普公司突破"火点"只有在下方才能烧东西的惯常概念，将"火点"放在上部，使产品的造型有了新的变化。

在吸尘器发明之前，人们用抹布、扫把除尘，后来英国人设计了吹尘机，运用吹的原理把灰吹掉。英国曾在铁路上使用的吹尘机通过大功率的压气机往车厢里吹气，直接把垃圾吹出窗外，车厢内吹干净了，车厢外却满是垃圾。为了解决这个问题，设计师从反向思维出发，把吹尘机的原理颠倒过来。1902 年，桥梁建筑师布特运用此原理设计了全新的吸尘器。从吹到吸，从一个方向到一个反方向。对于除尘，人们从模仿自然的吹灰尘到吸灰尘是逆向思维产生的创新设计。

逆向思维有两个鲜明的特点：①突出的创新性。它以反传统、反常规、反定势的方式提出问题，思索问题，解决问题，所以，它提出的和解决的问题令人耳目一新，具有突出的创新性。②反常的发明性。逆向思维是以反常的方式去思考发明创造的问题，所以，用常规方式无法做出的创造发明，用逆向思维就可以做出来。

我们可以看以下两个例子。如图 5-8 所示的是一款无链条的自行车概念设计"Nulla/ 零"。自行车的整个车架和车身显得张力十足。车的轮子采用无轮辐、无轮毂设计，仅靠车轮本身的结构刚度支撑负载，连最基本的传动链条也由"踏板—连杆—内齿轮"驱动装置替代，更是体现了"Nulla/ 零"的特性。此自行车的设计打破了长期以来自行车一定有链条的固有模式，从局部进行逆向思维，展现了未来自行车简洁大方、时尚前卫、极具圆滑的未来派风格。

图5-8　无链条的自行车概念设计"Nulla/零"

如图 5-9 所示，此款设计是本田（Honda）U3-X 个人移动设备的单轮车。U3-X 来自本田自家的平衡控制技术，可全方位自由移动，操作简单。像人类行走一样，可以右转、左转、前进与后退，用上半身就可以操控装置的运作。这个装置能够自己进行调整，不需要使用者自己去保持平衡，单轮车机器人会处理行进中平衡补偿的动作。其移动的轮子由一系列小轮组成，使用电动马达锂离子电池驱动，使用时间约一小时左右。此款个人移动设备从逆向思维出发，打破了当今个人移动设备的常规模式，顺应了当今灵巧、方便、节能的设计趋势。

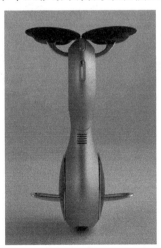

图5-9　本田（Honda）U3-X个人移动设备的单轮车

5.4.5　创新思维下的绿色设计

资源、环境、人口是当今人类社会面临的三大主要问题，为了寻求从根本上解决制造业环境污染的有效方法，到了 20 世纪 90 年代，随着全球性产业结构的调整和人类对客观认识的日益深化，在全球掀起了一股"绿色消费浪潮"。在这股"绿色浪潮"中，更多的设计师们以冷静、理性来思辩怎样做到产品的绿色设计，而不是仅仅考虑产品的外形风格的创新。

绿色设计（Green Design）也称生态设计（Ecological Design），是指在产品整个生命周期内，着重考虑产品环境属性（可拆卸性、可回收性、可维护性、可重复利用性等）并将其作为设计目标，在满足环境目标要求的同时，保证产品应有的功能、使用寿命、质量等要求。绿色设计的原则被公认为"3R"原则，即 Reduce、Reuse、Recycle，减少环境污染，减小能源消耗，产品和零部件的回收再生循环或者重新利用。

绿色创新设计可以通过许多途径来实现。下面我们看两个具体的例子。

1. 环保材料的使用

纸制手机"Paper Says"（见图 5-10）是一款和名片差不多大小的环保纸质手机，上面可以印上公司 Logo 和图像。使用时，沿手机上标注的撕开线撕开就可以展开拨号键盘。纸张可折叠的特性让这款手机非常便携，特别适合那些在世界各地旅行并需要随时拨打电话的用户。纸制的材料可以回收，这是一款绿色的设计。

2. 绿色能源的使用

韩国设计师 Kyoung Soo Na 针对大都市交通问题设计的这款未来概念电动车：Aiolos（见图 5-11）一改传统汽车的模样，车的主体为一个巨大的圆形滚子，两侧辅助有两个小滚子。这款未来的汽车设计理念是节能、环保、方便停放。它使用了无污染的绿色能源。使用环保材料造型，使用绿色能源驱动是当今产品设计的大趋势。

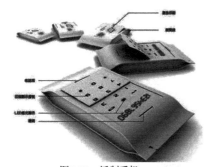

图5-10　纸制手机　　　　　　　　　　　图5-11　未来概念电动车：Aiolos

5.4.6　创新思维下的情感化设计

情感化设计是人性化设计的一个核心内容。人性化设计超越了过去对人与物关系的局限性认知，向关怀和满足人的情感和心理需求方向发展。从而使人更容易接近高科技产品，并从中满足了自己的需求。

1. 新性产品带给使用者的是崭新的体验性和趣味性

人们都说兴趣是最好的老师，而趣味性是激发兴趣的重要因素。一个极具趣味性的产品能勾起人们强烈的情感体验。趣味性设计常常会以与众不同的面目出现在使用者面前，给使用者带来新奇的感受。在创新思维下由于其创新性，使用者可以在操作过程中体验到一种崭新的心理体验或有趣的心理感受。

香水科技公司将推出一款新产品，如图 5-12 所示，这个机器通过 USB 和电脑连接，当信号从正在玩的游戏中发出时，存储在机器内的气味便开始释放，这些气味可以配合游戏同步散发，共由 20 种气味合成。如果人在游戏中徒步穿过松树林时，机器散发的恶臭气味和战场上的恐怖是使用者从未有过的崭新体验。

图5-12　创新产品Scent Scape

2. 创新性产品带给使用者的是愉悦的心情，情感的满足

日本艺术设计师松井桂三说过，情感是一种在设计中不可缺少的元素，它能够把观赏者的心吸引过来，让他们有全新的感受。在创新思维下的情感化设计，由于创新的求异性，带给使用者的是愉悦、新奇、幽默、诙谐等心理感受。

音乐可以给我们带来快乐。在很多时候我们都想要收听音乐，运动的时候适当的音乐能让我们更有动力，沐浴的时候舒缓的音乐能帮助我们放松，甚至包括孕妇，也愿意用音乐来进行胎教。设计师 Chih-Wei Wang 和 Shou-His Fu 就为我们带来了这样一个"音乐创可贴"的概念设计，如图 5-13 所示，它名为 Skinny Player，将存储器、控制器和扬声器集成在了一个小小的类似创可贴的设备上，让用户随身"贴"上，就能让音乐伴随身边。

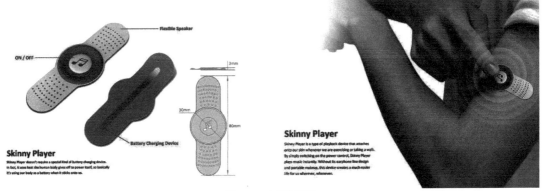

图5-13　音乐创可贴

如图 5-14 所示的管家机器人产品造型为仿生猩猩的设计，它不仅行动自如，还辅助以语音识别系统。具有控制方式自然、方便、亲和力好、适用范围广的特点。这款整体造型活

泼可爱，具有亲和力，并配以发光的设计，体现了多个因素相互和谐的统一。这款产品做到了内在技术和外在造型的统一，情感和前沿思想的统一。

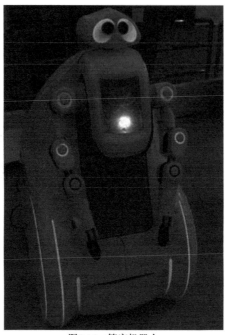

图5-14　管家机器人

复习思考题

1. 什么是创新性思维？它和创造力是什么关系？

2. 工业设计是一种什么类型的创造性活动？其思维过程和特点是什么？

3. 列举一个使用发散性思维解决问题的例子。

4. 组合方法的具体形式一般有哪些？举例说明。

5. 技术创新与产品创新的关系是怎样的？

第6章
设计与情感化

本章重点

◆ 情感设计的概念。

◆ 产品造型与情感设计。

◆ 材料与情感设计。

◆ 使用与情感设计。

学习目的

通过本章的学习，了解情感设计的概念，掌握产品造型、材料及使用方面与情感设计的关系，从而在产品设计中实现情感设计。

6.1 情感设计概述

情感是天赋的特性,是人对外界事物作用于自身时的一种生理反应。这种反应分为"感觉"和"感情"两大类。第一类是人的一种本能反应,只有感而无情。第二类是因为前者而引发的另外一类的生理反应,不但有感,而且有情。"感觉"和"感情"都是外界事物作用于自身时的一种生理的反应,二者虽有所不同,却又有不可分割的内在联系,统称为"情感反应"。情感是人的性格的一个重要组成部分。

随着社会的不断发展,生活质量的提高,人类对自身的关怀逐渐增强,设计也更多地关注产品的情感方面,更加注重产品本身的情感特征和使用者的情感、心理反应。正如一位美国当代设计家所说:"要是产品阻滞了人类的活动,设计便会失败,要是产品使人感到更安全、更舒适、更有效、更快乐,设计便成功了。"现在"以人为本"的口号得到认同,足可以看出对于产品情感上的考虑已经受到关注。

因此,产品设计除了要满足使用者使用的物质功能以外,产品的精神功能也越发突出。人们更希望能够通过产品的造型、色彩、材质和使用方式等各种设计语言与产品进行交流,从而获得全新的情感体验和心理满足(见图6-1、图6-2)。

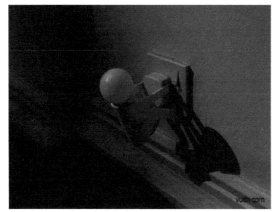

图6-1 电源插座

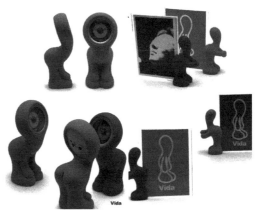

图6-2 情趣小表

6.1.1 什么是情感设计

情感设计就是强调情感体验的设计。使用性和目的性是设计的本质属性,因此,设计艺术作品所激发的情感体验也不可能仅仅与欣赏者之间的情感关照,其最终价值还是归结于它能实现某一既定的目标或目的。

情感设计不是以情感体验为基本目的的设计,而主要是指设计师通过对人们心理活动,特别是情绪、情感产生的一般规律和原理的研究与分析,在设计作品时有目的、有意识地激发人们的某种情感,使设计作品能更好地实现其目的性的设计。比如,在为家庭设计产品时要注重表现出温馨的情感,在电动工具设计中体现力量与效率等。

6.1.2 情感设计的理解

在物质不断丰富、技术不断发展的现代社会，人们更需要情感设计带来的心理慰藉。情感设计具有有趣、生动和活泼的形态结构和使用特点，在人们紧张繁忙的生活节奏中起到了点缀和调节的作用，缓解了现代人群的巨大压力。另外，在日新月异的今天，运用情感设计将不断涌现出来的新产品、新功能以最具简洁和亲和力的设计语言表现出来，大大缓解了人们对具有高科技新功能的产品产生的紧张情绪。同时，在使用方法和指示识别系统上运用趣味化，可以使人们对功能繁多的产品得以正确地操作和使用。

形态的设计不仅对产品的功能、材料、构造、工艺、形态、色彩、表面装饰等因素从经济、技术等方面进行综合处理，还要研究产品制造的可能性、操作使用的可靠性，同时，还要研究造型的象征性，要透过一些符号象征来传达文化内涵、表现创意理念、阐述特定社会的时代感和价值取向。这里的"象征性"包括产品的形态处理、色彩处理等，以及与造型效果相关的结构处理、材料效果处理等所形成的象征意义。产品的使用功能已不再是决定形式的唯一标准，还包括心理与情感的功能。

设计强调情感因素，富有"人情味"，以充满情感的语言、形象激发消费者的内在需求。这里的情感包括：爱情、亲情、友情及个人的其他心理感受等。由于消费者在生活方式、文化水平、经济条件、兴趣爱好、感情意志、审美情感等方面存在着不同程度的差异，消费者的心理需要的对象和满足方式又有复杂多变的一面。

理解情感化设计，应从两个方面入手。

第一，产品本身能激发人们的某种情感体验，特别是那些形式优美或具有意味、象征涵义的设计作品，具有显著的类似艺术品的属性——艺术价值，而这些艺术价值在美学中统称为"审美体验"（见图 6-3）。

图6-3　洗手盆设计

第二，设计的情感化体验不仅在于产品自身所激发的体验，更在于使用物品时，人与物互动产生的综合性的情感体验，它具有动态、随机、情境性的特点（见图 6-4）。

图6-4　奥迪汽车设计

6.2 产品造型与情感设计

阿恩海姆在《艺术与视知觉》中曾说："设计形态永远不是对于感性材料的机械复制，而是对现实的一种创造性把握。它把握的形象是具有丰富想象性、创造性、敏锐性的美的形象，是外部客观事物本身的性质与观看者的本性之间的相互作用。"让受众乐于接受的形态设计正是基于对特定文化的吸收、提炼、抽象后的结果。

6.2.1 产品造型的概念

通常意义上，人们对"形态"有广义和狭义的认知。广义上的"形态"是指所有与形态相关的可视形态的统称；狭义上的"形态"是指具体的图形、形状等。从形态学的研究角度出发，形态包括的内容如图6-5所示。

《辞海》中对"形态"的解释为："形态是指形象的形状和神态。"狭义上的"形态"，是指物体的轮廓和体量感，而实际生活中人们所看到的"形态"绝非只有形状那么简单，它包含了更多的内容。万物的形象之所以能够如此丰富多彩，主要是因为有"态"的存在，"态"具有动的属性，呈现不稳定状态，它因为地域、民族、文化、性别等差异而产生不同。

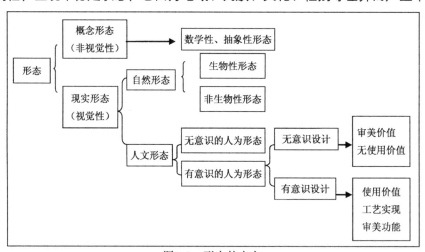

图6-5 形态的内容

6.2.2 造型与情感

美国著名心理学家诺曼在其著作《情感化设计》中曾指出，人脑有三种不同的加工水平——本能的、行为的和反思的。人们对"形"的认识可以理解为一种本能水平上的认知方式，而对"态"则是更高水平的认识——反思水平的认识。与人脑的这三种加工水平相对应，对产品的设计也有三种水平——本能水平的设计、行为水平的设计和反思水平的设计。本能水平的设计主要涉及产品外形的初始效果；行为水平的设计主要是关于用户使用产品的所有经验；反思水平的设计主要包括产品给人的感觉，它描绘了一个什么形象，告诉人们它拥有什么样的品位。

如图 6-6 所示，这款沙滩车的造型设计依据仿生设计，将沙滩车设计为沙滩之狼，充分显示出使用者的霸气，表明其充满了生命的活力。这种设计造型准确地表达出这款沙滩车的速度与野性。它的色彩采用黑色，正如一匹黝黑的野狼在金黄的草原上奔跑。通过外部造型来给人们视觉的美感和情感的体验，是一种本能水平的设计。图 6-7 所示的是电子宠物鱼 MP3 设计。当连接 MP3 或 iPod 时，电子宠物鱼就会在音乐的海洋中畅游，并且它还带有内置扬声器，可以不通过耳机播放音乐。不仅如此，电子宠物鱼还带有多彩闪烁灯饰，能制造多种音效。即使不连播放器，当播放音乐给电子宠物鱼听时，它头部和尾部的灯饰也会随着音乐变化闪烁，同时摆动身体。根据音乐种类的不同，它还能做出 4 种不同的反应。例如，当它听到乡村音乐时，它的摆动就会变得轻柔。摸摸它的头部，还能打开"fish song"。另外，透明质感的材料，也使鱼的可爱造型得到了进一步的表现。在此款设计中，通过用户对产品的操作与产品产生相应的互动，给人们带来情感交流。从这个角度来讲，该设计偏向于行为水平的设计。

图6-6　沙滩车的造型设计　　　　　　　　图6-7　电子宠物鱼MP3设计

如图 6-8 所示是 Pioneer（先锋）公司推出的称做 CEATEC JAPAN 2006 的车载机器人。企鹅形状的机器人，使用时放置在仪表盘上面。由于该机器人配有可以检测驾驶状况的加速度传感器，在嘴的位置装载了使用 CCD 感光元件的摄像头。所以，司机平稳驾驶时它会摇晃，表示开心；当司机没有专心驾驶时，它会打开羽毛，表示生气；遇到危险的事情时，会表现出害怕的样子。它可以表达出各种各样的情感。这是一款可以帮助司机安全驾驶的独一无二的机器人。这款设计以现代最新技术为基础，从人的情感需求出发，是情感设计的经典之作。

形态所承载的信息影响受众的情绪、丰富受众的情感，因此对于个体而言，不同的形态必定有一套特定的意义系统。虽然情感是一种个体化的心理感受，但人作为个体存活于群体之中，所使用的符号系统是由社会群体共同约定而成的，因此虽然同一形态对于不同个体所引起的情感体验可能存在差异，但是这一形态所反映的社会意义则是不以个体的意志而转移的。

艺术与设计本质的区别在于，艺术在大多数时候都是从创作者本体出发的、是自我的；而设计的本质在于服务大众，它是一门研究受众心理的艺术，目的是为了服务大众。但从受众对形态感受这个出发点来看，两者又是相通的。在康德看来，"只要是属于美术类的视觉艺术，最主要的一环就是图样的造型，因为造型能够以给人带来愉快的形状并以此来奠定趣味的基础。"而产品脱离了纯粹的满足功能要求的形态设计，则可以看成一种类似美术的视觉设计。因为它的设计出发点是让产品具有更丰富的情感内涵。因此设计师在设计产品前，应该事先分析产品的目标客户的文化背景，以及客户对形态的喜好和禁忌。

虽然区域文化会影响人们对形态的喜好，但总的来说，一些特定的审美趣味在世界范围内是相通的。体态饱满、圆润、优雅，以及具有自然秩序美感的形态容易使人产生愉悦的情感，而那些纤细瘦小的、不自然的、混乱的形态则容易给人带来不愉快的感受。如图 6-9 所示，当数码产品以"轻"、"薄"、"小"作为自己与众不同的销售卖点大力宣传时，苹果公司推出了新的便携式音乐播放终端产品 iPod，以其超乎寻常的"大体积"、"高价位"赢得了消费者的青睐。除去产品本身的优良品质之外，在消费者心中占重要地位的另外一个关键因素是 iPod 的大体积带来的展示功能及其连带的符号指向意义。苹果的产品针对的消费群体都是各种专业工作者和社会的精英阶层，因此，其品牌具有明显的标识作用。对于普通消费者来说，苹果的产品象征着专业、高品位的生活。消费者这种微妙的心理蕴含着对精英阶层的向往，认为拥有它是一种身份的象征。

图6-8　车载机器人设计

图6-9　iPod音乐播放器

6.2.3　情感体验的心理机制

情感设计可以利用设计的形式及符号语言激发观者情感，促使人们在存在需求的情况下产生购买行为，或者激发他们潜在需求，产生购买意念。

何种形态的产品能带给人们情感化体验呢？

古代艺术设计的形态常常是自然物的借用或变形，属于具象形态；而现代设计的形态趋于抽象、简化，设计师常使用抽象的点、线、面、体来塑造形体。这些形态之所以能赋予人某种情感体验，其心理机制体现于以下三个层次。

第一个层次，形态自身的要素及这些要素组合形成的结构能直接作用于人的感官，从而引起人们相应的情绪，同时伴随着相应的情感体验。

第二个层次，形态的要素使人们无意识或有意识地联想到具有某种关联的情境或物品，并由于对这些联想事物的态度而产生连带的情感。直感的情绪与联想激发的情感体验往往相伴而生，是一种较为自动的、本能的心理效应。

第三个层次，消费者通过对形态象征意义的理解而体验相应的情感，这是最高层次的情感激发与体验。

综上所述，形态产生的情感体验是通过组成形态的各个要素（如形、色、材质等）整体作用而发生效果的，很难区分其中任何单一要素带来的情感，这些要素始终相互作用，难以分离。

6.2.4 造型要素的情感体验

孤立、独置的点、线、面本身似乎很难激发人们强烈的情感体验。康定斯基认为，"世界上所有的形态都是由相同的一些基本要素所组成的，这些基本要素就是点、线、面。形态给人的感受是物象的外形，而构成物象外形的是点、线、面的作用。"他进一步分析了不同的点、线、面给人的不同感受，进而认识到点、线、面本身具有一定的表现力。下面研究形的基本要素的情感体验。

1. 点

点是既有位置又有形态的视觉单位，它可以根据造型的需要自由扩大变形，成为独立存在的要素，因此，点又具有了和面类似的属性，存在一个将它与其他部分区分开来的轮廓。

一般，人们认为点是小的、圆的，但作为造型要素的点，其表现形式无限多，可能是圆的、方的，还可能是不规则的，因此，点的情感基调很难一概而论，其大小形态会根据不同的情况发生变化。

设计中，点常是设计的关键所在，起到画龙点睛的作用，例如，产品造型设计中的按键等小部件的设计，室内墙面上的一盏设计巧妙的壁灯，或者简洁服装的一点饰品等，这些点在风格既定的整体造型中起到了重要的作用。并且，作为点，当它与整体风格不一致时会影响整体的一致，却能给那些陷入视觉疲乏的人们产生振奋和激发作用，如图 6-10 和图 6-11 所示。

图6-10 按键设计

图6-11 墙面装饰

2. 线

线是点运动的轨迹，作为造型元素的线，其粗细也是与面相比较而言的。康定斯基认为有三类典型直线：水平线、垂直线和对角线。直线形态中最单纯的是水平线，水平线使人联想到站立的地平面。康定斯基认为"它具有冷感的基线。寒冷和平坦是它的基调","表现无限的寒冷运动"是它的情感基调（见图6-12）；垂直线与水平线是完全对立的线，垂直线挺拔、高扬，康定斯基将它对应地称为"表示无限地暖和运动的最简洁的形态"（见图6-13）。除了相对温暖、简洁之外，垂直线还给人以生长、生命力的情感体验，由于向上高扬的动势，它还给人以威仪和肃穆的感觉，许多高耸的著名建筑就是此类情感体验的例子。除了上述两种直线，第三种典型直线是对角线，"它是表示包括寒、暖的无限运动的最简洁形态"，其他那些任意的、非典型的直线与对角线相比，它们的冷暖无法达到均衡。除此以外，这些任意直线还具有不稳定的感觉，带有向垂直或水平方向上扬或下倾的动势。

图6-12　冰箱的直线条

图6-13　抽油烟机的直线条

折线因其角度的区别带有冷暖的情绪，形成直角的折线是带寒冷感最强的折线，并且也最为稳定，表现出一种自制和理性；锐角的折线最紧张，并且也是最温暖的角，表现出积极和主动；超过直角以后，它向前推进的紧张程度逐渐缓和而趋向平稳、安逸，并伴随着慵懒、被动，以及正走向结束的不满与踌躇的情绪。

通过靠背椅折叠的线条来说明折线的情感。最大角度、近乎水平线的折线使人感觉舒适安逸，温暖闲散；折线越接近直角，则感觉越来越紧张，当椅背与椅座接近直角的时候，就是最正襟危坐的姿态，感觉紧张而节制。中国传统木座椅就采用这种接近直角的靠背，表达了中国礼教文化要求人恪守礼仪、讲究尊卑的传统。

曲线是直线由于不断承受一定比率的来自侧面的力，偏离了直线的轨迹而形成的，压力越大，偏离的幅度越大，也就是一般所说的曲率越大。曲线都具有不同程度的封闭自身，形成圆的倾向，中国有句俗语"宁折勿弯"，其深层的涵义暂且不提，至少说明曲线不像折线那样，锋利的角消失了，弧线包含着忍耐与城府，给人隐忍、含蓄、暧昧的感觉。从另一角度来看，弧线那倾向于圆满的势，又代表了一种成熟和包容的态度，如康定斯基所说的"弧里隐藏着——应该说是十分自觉而又成熟的能量"。由于曲线的含蓄、温和、成熟和隐忍的情感特质，又使之带有了一种女性的气质，因此，女性化设计的一大特点就是运用各种曲线，如图 6-14 和图 6-15 所示。

图6-14　肥皂盒设计　　　　　　　　　　　图6-15　灯饰

3. 面

点的集合及线的运动形成了平面，线常作为面的界限来定义面的存在。人的视觉类似于照相机，因此，能映入人们眼帘的都是面，至于三维空间的体的概念，人们往往要通过一定的空间线索而产生的深度知觉才能加以感知。

基本的几何面可以分为三角形、圆形和矩形三类，其他几何面都是在这三类面的基础上派生出来的。其中矩形是由两组垂直线和两组水平线组成的，形的两组边存在相互节制的属性，水平一边获得优势则感觉寒冷、节制，而相反则显得温暖、紧张、动感十足。如果将组成矩形的四条线分开来说，那么两条水平线可以称为"上"与"下"，两条垂直线则称为"左"和"右"。如果"上"的作用强于"下"（例如更粗、更重、更长等），那么图形给人的感觉就会比较轻松、稀薄，失去了承受重量的能力；反之，如果"下"的力量超出"上"的力量，那么会产生稠密感、重量感和束缚感。向上发散的设计往往带给人一种蓬勃的生命力，例如，绽放的花朵、茂盛的树林；而向下发散的设计使人却感觉稠密、稳定，富有重量感，如植物的根系。左右力量的不均衡可能产生强烈的运动感，或者向左，或者向右，康定斯基认为，左强于右则象征着"朝向远方的运动"，象征冒险的旅程，而反之则是一种"寻求束缚——回家的运动"，这样运动的目的似乎是为了休息。矩形是轮廓的两组线具有相同的力的均衡形式，因此其寒冷感与温暖感保持着相对的均衡（见图6-16）。

图6-16　电脑设计中的矩形面

三角形可视为一条直线两次折叠而成，或者将矩形切割形成，它是最具有方向性及定义平面最简洁的、最稳定的几何图形，因此，中国古代象征政权稳定的器具"鼎"就采用了这样的结构。正立的三角形可以视为"下强于上"的矩形的一种极端的表现，其稳定性达到了最大。一旦将三角形倒置，就是"上强于下"的极端，会产生极度的稀薄感和不稳定性。而三角形倾斜起来，那么一方面会受到重力的作用而倾向形成"下强于上"的稳定形式，另一方面，非正对称的两边会分别对定点产生拉力，使它显出向左右移动的动势。

三角形和矩形都属于直线几何面，它们之间的叠加、切割会产生各种多角形，这些多角形都从属和包含在前面的基本的几何面内，不过更加复杂，其激发情感的规律与前面所述基本类似。

在平面图形中，内部最静止的是圆，因为它呈弧线闭合的特点，也是多角形的钝角不断增加直至消失的图形。圆很单纯，也很复杂，中华民族特别钟爱"圆"，认为它象征团圆、圆满，即使圆滑，也表明了一种中庸、有节的态度，所谓"外圆内方"就是最典型的中国式人格的体现，代表一种成熟的为人处世态度。毕达哥拉斯学派曾经指出，平面图形中最美的是圆形，立体图形中最美的是球体，因为它们完整无缺，是最整体的形式。

4. 体

最常见体是由面围合形成的体，分为几何体和非几何体。几何体的基本形式包括长方体（包括正方体）、圆柱体和球体，其他的几何体基本都是在这几种几何体的基础上通过组合、切割、变形而形成的。

非几何体包括两大类：一类是具象的体；另一类是抽象的自由形体。具象的体多是对自然的模仿和变形，它们带给人们的情感体验与所模仿的对象带给人们的情感体验密切相关。整个艺术设计史中模仿自然的例子数不胜数，不论是陶器、瓷器还是装饰纹样，最初基本上都来自对自然直接或间接的模仿。现代设计将对自然物的模仿发展成为仿生学，这时模仿的内容不仅包括具象形式的模仿，还包括对结构、内在生命机制的模仿，而对于形式的模仿仍是设计艺术中仿生学最为主要运用的方面。例如，现代玩具设计中常常使用具象的形态（见图6-17）、植物的拟人形态、憨态可掬的形态迎合了孩子的天真、好奇，对自然事物充满兴趣的特点。

图6-17 现代玩具

在设计中运用抽象形体则是随着现代主义风格的发展而逐渐发展起来的。最初，现代主义设计师将标准的、对称的、简洁的、抽象的几何形作为最符合时代精神的美学原则，如维科·马吉斯特莱迪设计的ATOLLO台灯（1977年）（见图6-18），采用纯粹的抽象几何形，由三个立体几何形式——圆柱、圆锥体、半球构成，精确而富含逻辑，具有技术美学的典型特征。但此类设计呆板、单调、冰冷而缺乏人情味，曲高和寡，不能满足一般大众的需要，违背了现代主义设计先驱们"为大众设计"的最初理念而成为一种被少数设计精英推崇的"高设计"。一方面，回到传统的、对自然模仿的具象形显然无法满足当今时代精神的需要及大批量、标准化生产的需要；另一方面新技术、新材料（如塑料、层压板材）、新工艺的出现使得一些更加自由的、流畅的、灵活的、富有人情味的抽象形成为可能，这样一种中庸的"形"同时得到设计师与消费者的青睐，即在几何形基础上的更加有机、柔性、流畅的形式，这些体既具有几何体的自然和简洁的特点，又由于圆润的边缘、流畅的线条使之亲切，富有迷人的魅力，给人更丰富的情感体验（见图6-19）。

图6-18 ATOLLO台灯

图6-19 个性座椅

最极端的抽象自由形体能体现未来感、科技感，因此，设计师在进行概念设计时常喜欢使用这样的形体，而不考虑加工、生产及成本的限制，最有代表性的设计师是德国设计师科拉尼，他是一位略显离经叛道的设计师，他的"形"来自对自然物抽象和人机工程学的考虑，自由得近乎无拘无束。他说："世界上没有直线，所有的物体都是曲线的。"这样获得的形视觉冲击力极大，使人感觉刺激、兴奋，因此，喜欢的人与不喜欢的人几乎一样多，如他设计的凳子，采用完全抽象的自由形体，没有一根直线，极富流动感。

6.3 材料与情感设计

《考工记》中对器物能否成为良品的条件是这样定义的："天有时，地有气，材有美，工有巧。和此四者，然后可以为良。"当今时代，技术的发展，结构的优化，材料的创新，为设计新的产品奠定了良好的基础。无论在古代还是现代，材料对于产品的品质具有决定性的影响，它关乎产品的质量、加工的工艺、安全性及产品的价格。

6.3.1 材料的象征性意义

在科技没有发展到可以人工合成材料之前，大部分的材料直接取自于自然。在交通运输不发达的年代，因地取材是节约成本的最高准则。那些名贵优质的"良材"是产品质量的代名词，是上等阶层知名人士的奢侈品。在科技不发达的古代（即使是现代），优良的"材料"具有明显的地标性，它们往往能成为地区的象征，成为身份的符号。

材料的象征作用在古代用于维护皇权君威方面，且发挥得淋漓尽致。礼制，作为千年"一以贯之"的至高无上的官方等级规范，对各种场合使用的不同器物的材料、纹样都有明确的规定。如果有人擅自使用名贵鸟的冠羽为自己做服饰便会引来杀身之祸。其原因正是所选之"材"，触犯了它所象征的统治阶层的威严。

因此，特殊材料其实是被符号化了的概念。它所代表的不仅仅是一种材料名称，还连带着一个复杂的意义体系。在南美丛林中依然存在原始部落，部落中各种特定的羽毛所支撑的冠冕则象征着不同的身份和地位。有句俗语叫"物以稀为贵"，稀缺的物品在任何时候都显得特别的珍贵，尤其是在物质相对匮乏的年代。美材良品则显得尤为珍贵，黄金、白银因为它们特有的金属品质——稀缺而且不易被销毁破坏，几乎从被发现就作为财富的象征。玉作为一种特殊的材料，在中国文化中扮演着重要的角色。汉代许慎在《说文解字》中对玉的解释："玉，石之美也。"玉，因为它所具有的天然特征而被人们赋予了各种特殊的含义。孔子阐明玉有十一德，即仁、义、礼、知、信、乐、衷、天、地、道、德。这些品德是根据玉材相应的各种特征来隐喻君子的良品。儒家思想将美玉的十一德作为规范君子品德的标准，于是，君子佩玉不是为了乔装打扮，而是规范自己的言行，操守儒家"君子比德于玉"的信条。整个玉的美学所追求、歌颂的是自然的象征。

从古到今人们赋予了玉石太多的象征意义，玉也成为能代表中国传统文化的一种材料。如图 6-20 所示，2008 年奥运会奖牌的设计是中华文明与奥林匹克精神在北京奥运会形象景观工程中的一次"中西合璧"。

图6-20　2008年奥运会奖牌正面与反面

6.3.2　材料的自然情结

原始时代人类生活的环境是由自然资源构建起来的，他们居住在天然的洞穴或者用树枝稻草搭建的简陋居所中，用动物的遗骨做成各种配饰品，用石片打磨成刀、斧、铲等生活用具，构成生活和起居环境的都是人们可以感知理解的自然材料。随着科技文明的发展，越来越多由新材料制造而成的器物出现在人们的社会生活中。然而，此时的生活环境由人们可以预知、可理解的事物构成，大多数材料还是由自然材料加工而成，木制的家具还依然是家居环境的主角，人们生活周围的一切事物是亲切的、可感知的材料。当科技发展到近代，人工合成物的出现，彻底断裂了人与自然之间的关系，一切仿佛都可以是"人造"的。人与自然之间那种相依相随的关系被卡断，于是，"迷失"成为当代的主旋律。自然材料所提供的这种深层情感体验越来越受到现代学者和设计师的关注与反思，它反映的是受众的一种向往自然的特殊情节。

自然材料，从其可感知的自然特性来讲，使人从心理上依然感觉到自我是自然的一部分；从视知觉心理学的角度可知，自然材料表面的肌理特征不容易使人感觉到视觉疲劳。因为人从知觉上对有序的纹理有种天生的敏感，在一堆混乱无序的纹理中很容易识别出有序的纹理。人造材料的纹理是一种机械加工的结果，展现出来的是一种机械的视觉特征，从而容易造成视觉上的审美疲劳，而自然材料的无序和随机的纹理则给人一种平和的心理感受。从人情感思维的角度来看，自然材料是感性的、有生命的材料。它经受得住时间的考验，如有生命的生物一般在时间中积淀，经过时间积淀之后往往会显得更加朴实素雅、凝重引人。丹麦雕塑家宙弗德森有句名言："黏土代表生命，石膏代表死亡，大理石代表起死回生。"这或者可以反映出自然材料与人造材料给人的不同情感体验的的本质区别。自然材料表面特殊纹理的纹给人提供了一个无限想象的空间，从情感上不同个体会为这些纹理强行赋予不同的意义，在这种互动中更容易让人从情绪上产生一种安全感。

从整个人类文明发展史中可以看到，人们从未停止过对自然材料的模仿，无论是从结构上、肌理上，还是质感上。由自然材料制成的各种产品的长盛不衰也可以反映出消费者的自然情结。除了提供视觉上的宜人特征从而满足人在心理上对自然的向往之情外，自然材料带来的特有气息也是重要因素。如图 6-21 所示，这个板凳的材料来使用动物皮的边角料经剪碎处理来完成的，作为自然材料散发出一种亲切感，无秩序的组合更增加了其温馨的感觉。

北欧国家因为其特别的地理位置，由此衍生的设计文化十分讲究采用天然的材料，如木材、皮革、藤条等。如图 6-22 所示的是来自北欧的水曲柳的实木家具，这款实木茶几没有任何多余的装饰，完全靠实木的拼接制作而成，更加突出了水曲柳的纹理特征。它美观的纹理，柔和的色泽，透过厚重沉稳的造型给人一种温馨、宜人的感受，与北欧的自然气候形成鲜明的对比，从心理上给人一种温暖的精神依靠。

图6-21　板凳

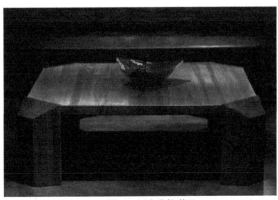

图6-22　水曲柳茶几

人们对自然材料的喜爱体现的是深层次的心理情感需求，是设计上感性回归的象征，是人们对在设计生活中过多强调理性的一种抗争。

6.3.3 材料的情感体验

人是活在"经验"之中的，"经验"代表某种愉悦的或厌恶的情感。材料作为现实生活中的物质构成，在各个层面上触及我们的感官和"经验"。质感是反映物质属性的物理特征，通常通过视觉和触觉来体现，较之物体的形态，在一定的视觉空间内它更容易引起人的情感反应。人们凭借以往的生存经验，通过视觉和触觉及其他感官所接受到的各种信息，对事物进行类比、分类。不同的触觉、味觉、视觉及其他感官体验构成了对某种材料的认知，并用一套与之有关的符号系统对它进行标识。

石头、木头、树皮等自然材料，会使人产生一种朴实、自然、典雅的感觉，而钻石、珠宝、动物皮毛等相对稀有的自然材料，则使人产生一种高贵、精致、奢华的感觉。同样是自然材料，所给予人的体验感受却完全不同，造成这两种不同感受的真实体验来自于多方面的原因。

材料所体现的质感是来自多方面的因素相互作用的结果。它关系到材料本身的物理特性（如构成部分、结构肌理）和环境条件（如光线、背景材料）等原因。除此之外，材料所体现的社会文化特征具有较强的暗示性因素。人们对于特定的材料具有特定的鉴别方法，这些描述材料特性的符号系统在人们的脑海中根深蒂固，人们的思维对外部世界有一套完善的"预先匹配"的系统。一旦预期的材料出现了，"预先匹配"系统便自动启动，感知的过程是一个伴随整个经验符号和意义符号启动的过程。一旦匹配成功，与之相对应的情感与感觉便产生了。

从认知心理学的角度来说，这些感觉来自于对以往的感官体验所带来的质感"经验"的自然反应。各种自然材料都具有某种独有的"细部"让彼此之间相互区别开来。同时，这些不同的细节又按照一种难以捉摸的秩序感排列开来。与人工机械制造的有序的、精密的纹理不同的是，自然材料表面的肌理纹样往往是由不可预知的但又彼此相类似的纹样图案构成，而且这些图案相互之间又具有一定的关联性，人们通常称这种图样特性为"多样统一性"。自然结构具有的不同肌理效果。大体上，石头、木纹和树皮效果的纹样肌理较之钻石、动物皮毛等材料的纹样肌理更为常见而被人熟悉，现实中它们以一种混乱的秩序构成了自然环境的基础。因为常见，所以容易被忽略；也因为熟悉，所以亲切。钻石、动物皮毛等相对稀有材料，从它们本身来看，钻石所具有的独特成分使其外观以一种极其完美有序的姿态出现在混乱无序的环境中，在知觉上容易引起关注，而动物作为一个独立的有机生命体，其体貌特征是根据生存需求，经过千百年的进化而生成一种能够满足掩护、警示、吸引等功能的有序规则图案，同样在知觉上容易引起关注。因为罕见特殊，所以关注；也因为罕见，所以高贵。

与纯粹的自然材料相对应的是人工材料和半人工材料。人工材料或人造材料指的是在非自然条件下通过物理或化学的手段，改造或提取自然材料的构成部分，根据人们的需求而合成的材料，或者通过这种手段生成全新的材料，它们的结构和肌理通常具有高度理性和高度秩序感。不同于自然材料的"混乱"秩序，人工材料的质感、肌理是以一种高度理性和具有秩序感的分子构成，知觉更倾向于识别具有规律特征的东西。从情感上来说，则体现为高度理性、严谨的、精密的，如玻璃、钢铁、塑料等具有强烈的现代气息的材料。所谓现代，在人们的观念中往往是"理性"、"秩序"的代名词。从材料的质感上来说，这些材料其自然的表面特征，或者经过加工后呈现在人们生活当中的表面肌理等视觉特征，往往也体现了现代有序的特征。

随着各种材料、半制成品和材料制造技术的不断创新和大量涌现，新材料应用实例不胜枚举。在 20 世纪的后半叶对传统材料的革新（如合成玻璃、新金属合金、木材派生材料等）开始了爆炸式的增长，特别是合成材料的出现，聚合物的发展，新兴的所谓"智能材料"的发明，纳米技术、生物材料等可以说不胜枚举。制造商用新材料针对性地解决问题。例如，制造出水无法渗漏，但某些气体可以渗透的产品，耐高温的同时又保持刚性和电绝缘性的产品，可以以某个特殊的角度偏转某段波长的光线又可以涂在物体表面防紫外线的材料，等等。

弹性材料是科技发展到一定程度的产物，大多数弹性材料是化学合成物，但也有一些物理性的弹性材料，如弹簧就是典型的弹性材料。弹性材料的特性相对温和，适合利用到人性化或友好的产品设计中去，可以帮助产品增强亲和力和生命力。如图 6-23 所示，荷兰福莱克斯创意公司利用橡胶的特性设计的电线捆绑装置不但可以帮助人们整理电线，同时鲜艳的色彩也成了工作角落中的装饰。

如图 6-24 所示的双侧摇椅"Blo-Voids"，它的造型用铝材吹制而成，把编织成的铝织物焊接起来，有时候吸进去，有时候鼓出来。镜面抛光后的铝经过了一系列色彩处理过程，有时通过阳极氧化，有时又通过神秘的着色工艺。整个作品光怪迷离，给人以神秘莫测的情感体验。

图6-23　电线捆绑装置

图6-24　双侧摇椅

6.3.4　不同材料的心理特征

人们在生活中使用产品，必然会接触制作产品的不同材料，柔软而舒适的沙发，晶莹剔透的水晶玻璃杯。所有这些都会让人们感受到不同材料蕴涵着不同的情感，由它们构成了色彩缤纷的世界。材料美在自然，它通过情感联想使人产生许多不同的心理感觉，如木材朴实、自然、典雅，总会使人联想起一些古典的东西；玻璃、钢铁、塑料等体现出强烈的现代气息。

设计师利用材料的这种特性赋予产品更多意义。

1. 材料的美的特性

材料在展示其设计的实用功能的同时，还给人们提供了许多实用之外的东西，使人思考，给人以心灵震撼和情感联想。材料的美的特性主要包括如下几个方面。

（1）材料的真实美

没有经过刻意加工的材料，大多不会显得矫揉造作，它真实地记载了工艺的自然流程，表达了材料的本性。在社会鉴赏力不断提高的今天，产品的美学观不仅仅局限于大工业时代整齐划一的工业美学，还能够体现自然真实的材料的本质美（见图6-25）。

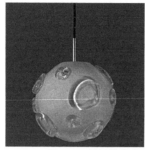

图6-25　材料的美感

（2）材料的生命感

大自然是最伟大的设计师，在它支配下的世界充满一种自然生命的美。现代设计师常在工业产品中融入材料的生命感，使生命的神秘性和多样性能够在产品中得以延续，使人产生强烈的情感共鸣。

（3）材料的工艺美

现代新材料工艺的形成给材料带来很多改变，使材料的形态肌理多样化。这种美感来源于材料加工时细致精湛的工艺。

（4）材料的亲和力

设计者通过对材料的用心选择、色彩的精心搭配和功能的合理配置表现了对人性的关怀，改变钢铁带来的冰冷、建筑材料的单调生硬，使它们更加令人亲近，减少压抑感，增加生活的乐趣（见图6-26）。

图6-26　情趣产品

2. 不同材料的情感特征

（1）金属

金属是一种具有光泽（即对可见光强烈反射）、富有延展性、容易导电、导热的物质。在自然界中，绝大多数金属以化合态存在，少数金属以游离态存在。大多数金属矿物是氧化物及硫化物。其他存在形式有氯化物、硫酸盐、碳酸盐及硅酸盐。金属间的连结是金属键，因此，随意更换位置都可重新建立连结。

为更合理使用金属材料，充分发挥其作用，必须掌握各种金属材料制成的零件、构件在正常工作情况下应具备的性能（使用性能）及在冷热加工过程中材料应具备的性能（工艺性能）。

金属材料的使用性能包括物理性能（如比重、熔点、导电性、导热性、热膨胀性、磁性等）、化学性能（如耐用腐蚀性、抗氧化性），化学性能也叫做机械性能。

金属因其特殊性在现代设计中占有一席之地。人们在日常生活中看到的金属产品简单、灵活、容量大，给生活带来很多方便；金属的冰冷感和简单线条相结合，无论质感还是视觉效果都体现了设计师的独特创新，符合现代设计所崇尚的简约风格。

金属材质特有的质感能给人重量、沉稳、能量、个性的印象，而贵重的稀有金属能给人奢华的感受，金属材质更能提升产品档次、彰显品位、体现高科技的含量（见图6-27）。

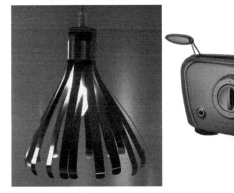

图6-27 金属产品

（2）陶瓷、玻璃

陶瓷是陶器和瓷器的总称。我国早在公元前8000年～公元前2000年（新石器时代）就发明了陶器。陶瓷材料大多是氧化物、氮化物、硼化物和碳化物等。常见的陶瓷材料有黏土、氧化铝、高岭土等。陶瓷材料一般硬度较高，但可塑性较差。除了在食器、装饰品的使用上，在科学、技术的发展中陶瓷材料也扮演着重要角色，在现代文化科技中也有各种创意的应用。

陶瓷材料作为物质载体成为现代人的精神寓所，通过创造体现一种现代的艺术精神。陶瓷材料创造自由、易于发挥个性，现代陶瓷设计突破了原有的技术规范，发扬了传统陶瓷精致、规整、对称的古典审美特点，向随意自由、更富想象力、更具人文精神的方向发展（见图6-28）。

图6-28　陶瓷制品

玻璃是一种较为透明的固体物质，在熔融时形成连续网络结构，冷却过程中黏度逐渐增大并硬化，而不结晶的硅酸盐类非金属材料。

玻璃生产工艺主要包括：①原料预加工。将块状原料（如石英砂、纯碱、石灰石、长石等）粉碎，使潮湿原料干燥，将含铁原料进行除铁处理，以保证玻璃质量；②配合料制备；③熔制。玻璃配合料在池窑或坩埚窑内进行高温（1550~1600℃）加热，使之形成均匀、无气泡、符合成型要求的液态玻璃；④成型。将液态玻璃加工成所要求形状的制品，如平板、各种器皿等；⑤热处理。通过退火、淬火等工艺，消除或产生玻璃内部的应力、分相或晶化，以及改变玻璃的结构状态。

玻璃的特性决定了它能够以多种加工方法，形成丰富的造型形态，是设计师理想的设计材料。玻璃本身就带有一定的艺术观赏性，越来越多的家居用品与玻璃结缘，其精巧玲珑的风格，别具一格的造型，精雕细琢，给现代居室带来意想不到的装饰效果，使人产生心灵上的共鸣（见图6-29）。

图6-29　玻璃制品

（3）塑料

塑料是合成的高分子化合物（聚合物），又可称为高分子或巨分子，也是一般俗称的塑料或树脂，可自由改变形体样式。塑料主要有以下特性：①大多数塑料质轻，化学性稳定，不会锈蚀；②耐冲击性好；③具有较好的透明性和耐磨耗性；④绝缘性好，导热性低；⑤一般成型性、着色性好，加工成本低；⑥大部分塑料耐热性差，热膨胀率大，易燃烧；⑦尺寸稳定性差，容易变形；⑧大多数塑料耐低温性差，低温下变脆；⑨容易老化；⑩某些塑料易溶于溶剂。

塑料与其他材料相比有如下特性：① 耐化学侵蚀；②具有光泽，部分透明或半透明；③大部分为良好绝缘体；④重量轻且坚固；⑤加工容易，可大量生产，价格便宜；⑥用途广泛、效用多、容易着色、部分耐高温。

塑料分为泛用性塑料和工程塑料，主要靠用途的广泛性来界定，如 PE、PP 价格便宜，可在多种不同型态的机器上生产。工程塑料则价格较昂贵，但原料稳性及物理物性均好很多，一般而言，工程塑料同时具有刚性与韧性两种特性。塑料广泛应用于各类产品，给人们的生活带来了方便（见图 6-30 ）。

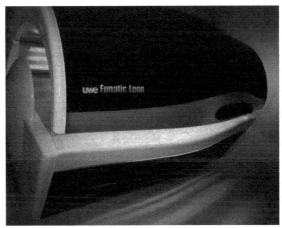

图6-30　塑料制品

（4）木材

木材是能够次级生长的植物，如乔木和灌木所形成的木质化组织。这些植物在初生生长结束后，根茎中的维管形成层开始活动，向外发展出韧皮，向内发展出木材。木材是维管形成层向内发展出的植物组织的统称，包括木质部和薄壁射线。 木材对于人类生活起着很大的支持作用。根据木材不同的性质特征，可将其用于不同途径。

木头给人们的生活带来沉稳的气质和清新的感觉，那些不加修饰的木色、独一无二的木纹，甚至那些天然的疤结，都能满足人们对自然的渴望和对温暖的追寻。

不同的木材可给人们带来不同的心理感受，如枫树，自古以来人们对枫树的赞美就从未停止过，"停车坐爱枫林晚，霜叶红于二月花"，有太多的文人墨客为它所感动，加拿大人甚至将枫叶作为国徽。的确，枫树外表是自然景观中的奇葩，而除了有着美丽的外表外，它还是建筑装饰的良材，由于其颜色协调统一，常用于制作精细木家具、高档地板。

柏树，在希腊神话里有这样一个故事：一个少年在一次狩猎时误将神鹿射死，悲痛万分。于是，爱神将少年变成柏树，不让他死，终生陪伴神鹿，从此柏树就成了长寿、不朽的象征。

柏树也是情感的载体，常出现在墓地，是后人对前人的敬仰和怀念。柏树有淡淡的香味，可以安神补心，木材可供建筑、造船、制家具等用。

人们都说松树是永不言败的树，也许是它的特性使然。松树的根扎得很深，不怕风吹雨打，也不怕炎夏的晒烤。它四季常青，即使在颜色单调的冬天，也能找到它的绿意，圣诞树选用松树也许有这个原因。松木保持天然本色、纹理清楚、朴实大方。虽然它算不上名贵，但只要人们学会欣赏，就会发现它的与众不同。

白桦树耐严寒，有着傲霜斗雪的风骨、顽强不屈的性格。在木料使用上，它结构细致、力学强度大、富有弹性，可供制作器具之用。

每块木头都有独特的纹理、天然印记或颜色的变化，所以木制家具更富天然美感。由于世上没有两棵完全一样的树，因此木制家具有其独一无二的特征。木制家具拥有一种质朴超然的内在气质，无论所处环境奢华或简陋，它都能泰然自若。木制家具产品给人朴实、自然、大方的美感（见图6-31）。

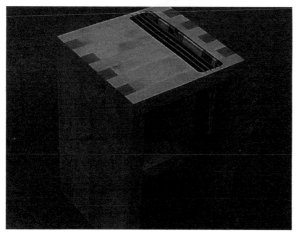 

图6-31　木制家具

（5）其他材料

布艺是指布的艺术，是中国民间工艺中的一朵瑰丽的奇葩。中国古代的民间布艺主要用于服装、鞋帽、床帐、挂包、背包和其他小件的装饰（如头巾、香袋、扇带、荷包、手帕等）及玩具等。布艺是以布为原料，集民间剪纸、刺绣、制作工艺为一体的综合艺术。布艺产品不仅美观大方，而且增强了布料的强度和耐磨能力。现在，布艺产品有了另一种含义，是指以布为主料，经过艺术加工，达到一定的艺术效果，满足人们的生活需求的制品。

布艺在现代家庭中越来越受到人们的青睐，如果说家庭使用功能的装修为"硬饰"，而布艺作为"软饰"在家居中更独具魅力，它柔化了室内空间生硬的线条，赋予居室一种温馨的格调，或清新自然、或典雅华丽、或情调浪漫。在布艺风格上，可以很明显地感觉到各个品牌的特色，但是却无法简单地用欧式、中式或是其他风格来概括，各种风格互相借鉴、融合，赋予了布艺不同的性格。最直接的影响是它对家居氛围的塑造作用，因为采用的元素比较广泛，使它跟很多不同风格的家具都可以搭配，而且会产生完全不同的感觉。

布质家具具有柔和的质感，且具有可清洗或可更换的特点，无论清洁维护或居家装饰都十分方便且富变化性。除全布质家具外，布材常与藤材或纸纤搭配运用，让使用者更舒适，并让藤质与纸纤的色彩更加丰富多变。

布质家具由于布艺的多变，搭配不同的造型，风格便趋于多元化。但大多数布家具所呈现的风格仍以温馨舒适为主，与布质本身的触感相对应。美式或欧式乡村家具，常运用碎花或格纹布料，以营造自然、温馨的气息，尤其与其他原木家具搭配，更为出色。西班牙古典风常以织锦、色彩华丽或夹着金葱的缎织布品为主，以展现贵族般的华贵气质；意大利风格运用布艺时，仍不脱离其简洁大方的设计原则，常以极鲜明或极冷调的单色布材来彰显家具本身的个性。

布艺往往能为家居点睛，能很好地诠释家居主人的喜好和品位，所以布艺在家居中的地位已经大大提升。现代布艺设计呈现几种趋势：①更强调整体家居风格的搭配；②崇尚清新的自然主义，强调从都市回归田园的恬静和自在的感觉；③充满东方意境抽象唯美的传统风格；④简单奢华的都市情调，顺应都市生活方式由外在向内涵的转变，简约主义的盛行，追求更闲适生活的态度，产生了一种简约的奢华风格。

由于视觉的对比特性，当软体布艺表面材料和背景材料的肌理、质感不同时，会造成尺度有不同的感觉。光滑背景前，如果布艺表面也很光滑，由于背景材料的影响，会显得更为突出，给人以尺度放大的感觉；如果布艺表面粗糙，与背景相比，在尺度上就会有缩小的感觉。布艺材料的纹理不同，会产生不同的方向性，如木材的纹理有明显的方向性。不同方向的布置会产生不同的方向感，水平布置会显得布艺表面向水平方向延伸，垂直布置则向垂直方向延伸。

6.4 使用与情感设计

使用与情感体验本身是二位一体、相互关联、互为因果的，可用性涉及人的主观满意度，以及带给人们的愉悦程度，因此，它具有主观情感体验的成分，"迷人的产品更好用"；情感体验是建立在一定目的性的基础上的，用户在使用过程中的情绪和情感体验也是情感设计的重要组成部分，即"好用的产品更迷人"。

6.4.1 情感与可用性

如果说本能的感知即一眼望过去对产品产生的情感，那么使用的传递则是在使用产品时获得的情感，激起人们的使用乐趣。一个产品如果不能保证自己的功能，就像笔不能写字、台灯不能亮灯，那么即使它再好看也没有价值。被人们接受产生情感之前，这些产品首先应具有某种功能，而不是纯粹的艺术品。

现在人们都很喜欢 DIY（Do It Yourself）产品，自己动手去做并不代表社会科技水平的落后，而恰恰相反，在科技飞速发展的今天，许多工作都可用机器操作，人们只需敲击几下键盘，便在流水线做出成品。难道人们不喜欢这种纯粹的轻松，非要自己动手找麻烦吗？事实是在 DIY 的过程中，人们获得了乐趣。当家里摆着自己亲手做的陶器，手里提着自己缝制的手袋，人们会感到自豪。回味制作过程是有意义的，欣赏自己的作品也很有趣。DIY 产品将对产品的使用体验延伸到了制作过程，靠这种使用体验征服了消费者。

对于情感化产品，如果其在外观和结构上并没有什么特别之处，但是当用户知道它的别具一格的用途时，就会忍俊不禁、爱不释手。

6.4.2　情感化使用方式的三个阶段

用户喜爱的产品，一定能在用户使用产品的过程中给用户带来喜悦的心情。使用产品时，用户的情感体验是满意、愉悦，用户就不会抗拒使用它。就像朱利安·布朗曾经说过："好的设计和差的设计的差别，就像好故事和差故事，好的故事是你听多少遍都不厌烦，但差的故事，你一点也不想听。"具体来说，情感化产品的使用方式具有如下三个阶段。

1. 良好的易用性

易用性是好的产品必需的前提。快速地让消费者了解产品的使用方式才能更好地抓住消费者的心，可以想象一个脾气暴躁的人对产品使用的忍耐力会有多大呢？良好的易用性需要针对不同使用人群进行细心地研究，真正了解使用者的需要，在符号学、语义学、美学等方面进行研究，使产品容易使用。

2. 连续的回馈性

连续的回馈性也是好的设计所必需的，它是产品与用户之间所进行的情感交流。人们一步步地使用产品，它及时地给予人们适当的回馈，会让人们在心理得到理解和肯定。若是回馈不及时，那用户就会缺乏理解，使用产品时的情感自然不会高涨。

3. 激起人的使用乐趣

产品设计出来就是要被人使用，只有华丽外表的是艺术品不是产品。当产品在满足易用性和回馈性之后，让用户使用起来有情趣就是产品的魅力所在。

6.4.3　情感化设计目标

产品被生产出来并不一定会受到所有人的欢迎，但是当它吸引了一部分消费群体时，它就成功了。不同的消费群体总会呈现不同的消费特点、消费心理，也就是说产品应该满足某一消费群体的心理感受。

1. 不同年龄段消费群体的情感体验

对于个人来说，情感世界不是一直不变的，有人说：性格决定命运。但是随着年龄、阅历、环境的变化，性格有时候也会发生改变，那就更不用说人的心理反应了。在成长过程中，不同成长经历和不同的年龄阶段都会有不同的心理反应。这种心理反应变化按年龄来分大体为儿童时期、青年时期和中老年时期。

（1）儿童时期的情感体验

童年是人生中最美好的阶段，孩子在父母的保护下快乐地成长。因此儿童产品基本上都是由父母决定的。所以说，父母对孩子的期望值会直接影响其对产品的喜好。父母会把产品的安全性、益智性放在首位。产品是否安全无伤害、是否会令孩子恐惧、是否有助于开发智力，这都是父母关注的问题。当然，也不能忽视儿童心理的期望。他们充满好奇心，喜欢多彩的颜色，喜欢有朋友一起玩耍的感觉，害怕黑暗，害怕孤独等待。通常，儿童对产品的认识都是在本能的感知水平上的。随着儿童年龄增长，独立性提高，消费有了自主能力，模仿能力增强。如图6-32所示的产品就是依据儿童所期待的情感体验来设计的。

图6-32　儿童产品

（2）青年时期的情感体验

青年时期人们慢慢融入社会。因为年轻，喜欢追求新鲜的事物，喜欢个性时尚，炫耀欲比较突出，求知欲、创造欲也很强烈，甚至有点叛逆。所以这个年龄段的产品就要迎合青年的个性情感。产品不能呆板，要有个性、新奇的感觉。通常一些新开发的产品都是先被年轻人关注，然后热销起来的。青年的消费行为在很大程度上影响了中老年人，从而扩大了产品市场。所以将相同型号的产品设计成不同款式、颜色，往往会受到欢迎（见图6-33）。

图6-33　苹果MP3

（3）中老年时期的情感体验

随着年龄的增长，人们的心态也开始归于平静柔和。成家立业之后，逐步扮演了家长的角色，开始关注柴米油盐酱醋茶，这样就步入了中老年时期。

由于社会压力、家庭负担，中老年人的消费趋于平稳，甚至自我压抑。他们不会因为狂热追求时尚而花费许多金钱在新产品上，即使自己真的很喜欢也会量力而行，从长计议。作为中老年人群，他们最关心的是家人的健康、家庭和睦、工作顺利。时代发展节奏变快，现代的中老年人也不再是以前的生活心态，而是更加向青年人靠拢，也会追求美，追求时尚。

在产品的认识上主要关注对产品使用方式及自我心理反应的情感方面。所以，对于能够提高生活质量的设计他们并不排斥。因此，就迎合中老年人的情感需求而言，对美化生活有益，特别是对减轻家务负担有益的产品会很容易被接受。而对健康有益，具有保健功能的产品也会受到欢迎（见图6-34）。

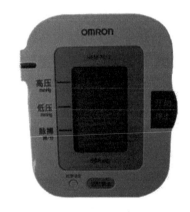

图6-34　电子血压仪

2. 性别差异的情感分析

不同的年龄段有不同的心理，性别的不同导致人们在家庭中、工作中不同的身份，这会影响到人们对事情的理解能力、欣赏水平及心理反应。性别的差异反映在生活的各个方面。这主要是受记忆差异、思维差异、情绪差异、个性差异的影响。女性通常具有良好的形象思维能力，天生比较胆小多虑，容易联想。男性通常具有良好的逻辑推理能力，比较理性，天生胆大，富有自信心，好胜心强。

不同性别在家庭所扮演的角色不同，表现了不同的情感喜好。

（1）身为家中的母亲或女儿，女性对家庭关系比较向往，天生具有母性，爱美之心强烈，做事比较仔细，注意细节思考，通常比男性有更好的色彩感觉，对回忆的东西特别在意。能够选择对家庭关系有益的东西，比如，体现家的重要性的东西，对丈夫工作有帮助的东西，能让孩子变得讨人喜欢的东西等。天生的浪漫也让她们更加偏爱可爱、童趣的东西。

（2）身为家中的父亲或儿子，男性一直保持严肃、独立、讲义气，做事比较注意整体性，讲求面子，喜欢为孩子、妻子做更多的经济投入。他们在乎能体现自己社会地位、品位的东西，通常有自己的嗜好，因此，喜爱那些满足自己喜好的东西。

然而随着社会竞争的激烈，工作中的男女同样面临着压力与竞争。虽然工作分工不同，但都希望缓解压力，特别是受"男儿有泪不轻弹"的影响，男性承受的心理压力更严重。

通过对比可以看出，不同年龄段的人群、不同性别的心理特征不同，情感世界不同，对于产品的偏爱也不相同。并且由于受到教育背景、社会文化的熏陶，每个人也会有不同的兴趣爱好、个性特色，这就会影响到对产品情感化的判断，特别是在情感的自我心理反应上的判断。例如，只有明确自己在社会中的位置，才会有展示自我的目标。情感化产品正是在了解人们不同的情感世界的基础上，然后对症下药，满足消费者的需求。但是产品设计不是针对一个人的设计（除了专门的定制服务），是为了经济效益、实现产品批量生产，是概括一群人的情感喜好而设计的，所以，就需要分析探索人群的共同喜好、共同的情感需求。

3. 品牌与情感化设计

产品的个性是产品的设计者所赋予的，它通过产品形态体现企业文化，展现企业的个性，通过形态设计展示品牌所追求的情感，从产品个性中消费者能体会品牌个性，进而上升到对品牌的喜爱。反过来，对品牌个性的认识，又会影响到人们对该品牌产品个性的喜好。当消费者购买了一个产品，在使用过程中发现它很好用，自然就会留意该产品的品牌，再看到该品牌的产品时，就会根据上次选购的产品印象做出判断。又如人们通过媒体的宣传作用对某品牌的个性特色有所了解，并且很喜欢，当遇到该品牌的产品时，就会对产品特别有好感。正是这种情感的联系在产品个性与品牌个性之间架起了一座桥梁。

品牌是一种识别的标志，也是一种情感化的代表、一种感受符号。对品牌的认识，正是深入探索产品背后故事、体会产品的情感、产品情感化真正融入市场范围的延伸。公司要适应市场发展，就应该重视品牌的建立，将单一产品的情感扩大到一个品牌中，做足品牌的故事。消费者可以通过对品牌的了解，来深入了解情感化与市场的关系。

ALESSI 梦工厂的设计拥有着巨大的品牌号召力，单从各类产品设计教材、杂志上的曝光率就可以看出这点。这家公司云集了许多优秀的设计师，包括迈克尔·格雷夫斯、亚力桑德罗·芒迪尼、菲利普·斯塔克等。从一个能带来快乐的小鸟水壶，到具有拟人化的"安娜·吉尔"的瓶起子，再到能够给家居生活带来乐趣的马桶刷、海面架等家居用品（见图 6-35），ALESSI 创造了许多经典设计。它的设计总会给人带来生活情感，让人们感受到生活是快乐的，甚至做饭、打扫也是快乐的，减少了人们做家务的烦恼，并不是说它的功能多么便捷，而是在情感上给了人们安慰。

图6-35 ALESSI 的经典设计

6.4.4 情感设计实现的方法

感官、效能和理解三个层面的情感体验为设计师提供了激发用户情感的三个着眼点，虽然因为加工水平不同而存在高低级区别，但将这三个方面作为策略运用于设计则并无高低之别，而是根据不同设计目标所做的恰当选择。

1. 通过感官刺激引起消费者注意

最直接、最易于实现的情感设计就是刺激人感官的情感化设计，这个层面是属于前面所论述的形态对人们感官层面上的情感体验。对人们感官的刺激可以通过加强形与形之间的对比度、创造形态的新鲜度和变化等方式实现。

（1）外形和色彩的刺激

设计中直接利用新奇的外形和色彩，以及它们的夸张、对比、变形、超写实的形式来吸引人的注意，利用人的感知，特别是视觉、知觉原理，满足人们最本能的对形的偏好和情感体验。产品采用鲜艳、明亮、具有精美或新奇、装饰性的形态。比如，女士手机镶嵌上精致的饰品；以布丁或果冻作为设计样本设计的新款手机，扬声器装饰成花瓣，就是典型的以形式、颜色激发人们的美感情感的设计（见图6-36）。

图6-36 "花瓣"扬声器

（2）情色刺激

通过设计将产品的特质或性能与性暗示混合在一起，吸引人的注意，并产生愉悦感。设计物通过煽情的造型语言或画面，能使人们迅速产生兴趣，集中注意力。同时，情色刺激的设计能将由于画面产生的愉悦感与对产品的评价混合在一起，使消费者产生通感。

2. 人性化设计

西方美学家曾提到，构成自然界的美使人们想起人，或者说预示人格的东西。人们认为有些生物好看，其好看的地方实际上正是那些能使我们想起好看的人的特征，例如，小猫温顺妩媚的眼睛、羚羊健美的体态；与之类似，植物向上的生命力使我们联想到蓬勃的生活。人造物更是如此，作为人们有意识进行的创造，为了使它们看上去更美，人们倾向于以自身或其他动物使人感觉愉悦的特征赋予它们形式，使它们呈现出类似于人的特征，这就是设计的人性化。

人性化设计是指设计师赋予设计对象与人或其他生物类似的特点，如形态、姿态、表情等。人性化设计来自对自然（包括人）的模仿，但它不是一种直接的、具象的模仿，为了突出设计师想要着重表现的那些人格特征，造型设计需要经过精心加工处理（如抽象和变形，夸张或简化），使设计物呈现的人格特点介于似是而非的状态。有时人性化设计的造型语言非常直白，使人一眼就能看出模拟哪些人格特征；有时则显得较为隐讳，不一定能被观看者轻易地解读出来，而需要他们具有一定的知识背景、生活体验及欣赏和感受能力。一般而言，过于具象的人性化设计语言似乎不如那些意象的设计语言那么富有趣味、耐人寻味。人性化设计是现代设计最常用的情感设计方式，它将设计师对于某些人性或生物的生命特征的情感体验，转化为意象，并通过特定的形式表示出来，那些具有类似体验的观看者能从设计中解读出这些情感体验，从而形成共鸣。例如，由芬兰阿拉比阿公司制作的"讲故事的鸟"是芬兰近年最畅销的陶瓷制品（见图6-37）。它运用了形象隐喻将器皿赋予了人格，并且这组器皿放置在一起就像一个美满的家庭一般其乐融融，造型幽默诙谐，使观看者体会到家居的温暖和甜蜜。

图6-37 "讲故事的鸟"系列水壶

3. 形态的幽默感

幽默是一种复杂的情感体验，有时是愉悦、快感和欢乐，有时是滑稽、荒诞、戏谑、嘲弄；有时则是诙谐和自嘲。生物学认为，幽默是人的一种潜在的本能，产生于人们具有复杂的认识和思维能力之前，是一种维持生理和心理平衡的机能现象，使人放松，从紧张中解脱的情感。后来，随着人们认识能力和改造自然能力的提高，文明不断发展，幽默成为一种无功利意义的纯情感行为，但幽默仍是一种使人轻松和缓解压力的重要情感体验。

（1）超越常规——意外和夸张

有学者曾研究婴儿的笑，发现最早能引起婴儿笑的刺激有两种：一种是亲人的鬼脸；一种是将他抛起再接住的动作。学者认为这说明中断、偏离和震撼——被驱出生活常规的经验——是幽默的必要属性。由此可见，制造幽默感原则之一在于意外的出现，幽默不按照期望的、逻辑的方式运行。将这一观点用于解释艺术设计的造物时，发现某些超出常规的设计方式能使人产生幽默的情感，这种情感使人们暂时从自身设定的常态中解放出来，从而感到愉悦和压力被缓解。如图 6-38 所示的是一款 Joe 沙发。它的造型充满幽默，它的结构符合人体构造，并暗示身体不同部位的不同功能（手的作用是接迎和保护）。

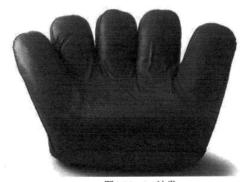

图6-38 Joe沙发

（2）童稚化

人们发现孩子更容易发笑，因为他们不像成年人那样饱经世故，所以更容易感到意外和偏离；而成年人相反，童年的天真浪漫虽然很难重现，不大容易出现超出常规的情绪，但那些表达出童趣的设计却容易突破成年人的常规，从而使他们感觉幽默可笑。尤其在现代社会的繁重压力之下，人们往往有逃避现实压力的需要，因此出现了一些童趣化的新产品或服务，如魔幻影片、网络游戏等，它们在一定程度上都是为了满足成年人脱离日常生活的轨迹的需要。另一方面，设计中出现了"童稚化"的倾向，许多目标群体为青年人的设计，其造型呈现儿童产品的风格，鲜艳、轻快，这也是一种逃离现实压力、回归天真童年的体现。美国Apple公司率先在私人电脑中运用轻松而具有童趣的风格（见图6-39），使这些产品脱离冰冷的商用机器的面貌，从而成为时尚的象征，流行一时。

（3）荒谬与讽刺

有学者认为幽默来自自我荣耀和优越感，这样产生的幽默似乎更类似嘲讽，英国哲学家霍布斯说："笑是一种突然的荣耀感，产生于自己与别人比较时高人一筹之处。"用幽默表现出来的嘲弄，即使存在恶意，也是委婉的方式，艺术设计中就常利用这种微妙的方式表达嘲讽的情感。拉迪设计组于1999年设计的"睡猫地毯"（见图6-40），就以一种玩世不恭的态度嘲弄了贵族千篇一律的优越生活。

图6-39　Apple公司iMac电脑

图6-40　睡猫地毯

复习思考题

1. 你是怎样理解情感设计的？

2. 心理学家诺曼把产品的认识分为哪几个层次？各有什么含义？

3. 线作为一个造型要素是怎样体现人不同情感的？

4. 材料的象征意义指的是什么？

5. 木制材料给人以怎样的情感体验，举例说明。

6. 情感化使用方式分哪几个阶段？

7. 设计一款满足儿童情感需要的产品。

第7章
设计与感性工学

本章重点

◆ 感性工学的产生及发展。

◆ 感性工学的基本概念及基本内容。

◆ 感性工学的应用。

学习目的

通过本章的学习，了解感性工学的产生和发展，掌握感性工学的基本概念及基本内容；并把感性工学的知识运用到实际的产品设计中去。

7.1 感性工学的概述

20 世纪 80 年代以来，全球设计进入一个迅速发展的新时期。一方面，在经济全球化的背景之下，设计的优劣直接影响着国家经济在国际市场上的竞争力；另一方面，随着信息全球化时代的来临，技术创新日益受到社会各界的密切关注。新技术支持下的产品不仅具有物质实用性，更包含着人性化的趣味。设计开始与多门学科结成密切的关系，建立于统计数学、心理学、工程学和设计学等多门学科之上的感性工学，就在这样一个独特的时代和科学背景之下诞生。

7.1.1 感性工学概念

"感性"通常与"理性"相对，这两个概念最早是在西方哲学体系的认识论中提出的。1750 年，鲍姆卡登在他的《美学》一书中首次提出了美学这一概念，并将其定义为"感性的认识之学"，主张以理性的"论证思维"来处理非理性的"情感知觉"。此后，尽管鲍姆卡登的观点并没有得到弘扬和发展，但其仍被视为"感性工程学"的渊源之一。

1. 感性工学的定义

"感性工学"的英文表述为 Kansei Engineering，Kansei 是日本语"感性"即**カンセイ**的音译。当前，不同的学者和组织对感性工学的定义还没有完全统一。现有文献资料中所做的感性工学的定义主要来自于日本研究者。例如，日本材料工学研究联络委员会所做定义："感性工学经由解析人类的感性，有效结合商品化技术，于商品诸多特性中实现感性的要素。"日本广岛大学的长町三生教授所做定义："感性工学是一种以消费者为导向的产品开发技术，是一种将消费者对产品所产生的感觉或意象予以转化为设计要素的技术。"筱原昭等人的定义则是，"心与心的交流，支持相互间幸福的技术。"永村宁一氏认为，"感性与理性、悟性并列，原来皆为认识论的专门用语。若欲由感性作为创造新价值的源泉，必须客观而定量地计测感性。发展一种客观而定量的感情测量技术是非常重要的。"尽管对于感性工学概念的具体描述不同，但感性工学的本质是一致的。感性工学基本上可以定义为：以工学的手法，设法将人的各种感性定量化，再寻找出这个感性量与工学中所使用的各种物理量之间的高元函数关系，作为工程研究的基础。

从学科上看，感性工学是结合感性和工学的一门学科。感性强调了设计中以人为本的基础，是以人们的心理为导向的，把人的感性信息与产品的设计要素中的工学技术通过某种方式方法来进行量化，使人对产品的感性要素演变为可以遵循的理性的要素。在理性的基础上诠释感性因素，是感性工学的核心。感性工学将感性转译到工学中去，将对人的感性分析的结果转化为产品的物理设计要素，根据人的喜好来制造产品，它属于工学的一个新分支。

从设计过程来看，感性工学以工学为手法，设法将人的各种感性定量化（暂且称之为"感性量"），再寻找出这个感性量与工学中所使用的各种物理量之间的高元函数关系作为工程分析和研究的基础。这个感性量应包括生理上的"感觉量"和心理上的"感受量"。

也可以从富有哲学道理的语言中理解感性工学，"经由解析人类的感性，有效结合商品化技术，于商品诸多特性中实现感性的要素"；"心与心的交流，支持相互间幸福的技术"；"感性与理性、悟性并列，原来皆为认识论的专门用语。若欲由感性作为创造新价值的泉源，必须客观而定量的计测感性。发展一种客观而定量的感情测量技术是非常重要的"等，这些对感性工学的理解更加趋向于感性色彩，更加易于人们接受。

总之，感性工学是一个在以人为本的基础上，综合不同学科包括设计心理学、认知心理学、人机工程学、产品语义学、计算机辅助设计技术等发展起来的一门学科。其核心是一个感性到理性、感觉到数据的过程。随着人们对不同领域的感性工学研究的增加，人们对感性工学的认识会越来越清晰，人们对感性工学的定义也会更加确切和全面。

2. 感性工学的本质和内涵

任何一门学科都有其独特的研究对象和研究方法。从设计方法论的角度来分析，对设计主体"产品"而言，尽管约束因素很多，但总可以经过逐步分析得到满意的结果。对于设计的客体"人"而言，牵涉到的因素更多，且各因素之间存在着相互联系的多重耦合关系，因为人与人类活动不符合经典数学的"集合"概念，所以无法建立起具有逻辑关系的数学模型。新兴的感性工程学正是为解决这些问题应运而生的，它努力在人的因素和技术的要素之间建立一种量化的关系，从而为设计、为人们的生活服务。

（1）感性工学是一种产品研发方法

作为一种产品研究方法，感性工学主要着眼于探讨人与物体之间的相互关系，将消费者对已存的或自己心里的产品或概念的意象、情感和要求转译为设计方案和具体的设计参数。

（2）感性工学是一种人因探讨技术

以往的产品设计和开发也关注消费者和用户的需求，但更多的关注局限在产品的功能和造型方面，从而极大地削弱了消费者对产品的感受和需求方面的关注。感性工学则主要针对人们感知层次因素的探究，探讨产品属性与消费者心理感受间的匹配。它可以将人们模糊不清的感性需求及意象转化为细节设计的要素，它所关注的是真正来自于消费者或用户本身的需求和感受。

（3）感性工学是一种评价方法

用户评价某种设计，是基于他们与设计的综合感官各因素的互相作用中，设计是如何成功地满足他们的需求的呢？在这个过程中，用户对产品的感性评价起着重要的作用。在更多情况下，人们的感性认知并不只由某一种产品属性决定，而是由许多属性综合平衡决定的。经典的产品设计方法是设计师采用静止的、视觉上的标准，用图样来评价设计，他们很难辨别出产品的哪些属性可以唤起人们的何种感性，以及人们的感性是如何随着产品属性的改变而改变的，也就无法真正地满足消费者的需求。

感性工学运用先进的现代工具和技术，可以帮助消费者表达自己的感性，甚至是一些他们自己都没有意识到的情感，比如，汽车驾驶员对车内空间的感受，起重机操作员对机器工作声音的表达等，从而帮助消费者表达他们对产品的需求。设计师也因此可以准确便捷地获取消费者基于产品和概念的特性的主观评价，取得消费者对于产品的潜在感受和需求。对于设计师来说，感性工学除了是可以运用的设计时的工具，更是可以辅助设计师弄清人们感性的利器。从而设计师可以针对不同消费者和消费群体的感性需求，设计出不同的产品造型，在客户满意度与设计制造成本之间取得一个平衡点。

3. 感性工学的研究范畴

设计学不同于一般的学科，它的理论大多是跨学科间的协作，因而设计学是一种复合的作业活动。英国设计学者约翰·克瑞斯·琼斯认为，"这种活动如要成功，必须将艺术、科学、数学作适当的融合，如果认为其中一种归寻于该特殊领域专业，那么设计活动就难有成功的希望。"感性工学是为设计服务的，这就决定了感性工学的研究范畴也具有综合性。原田昭教授认为，感性工学的综合与交叉涉及艺术科学、心理学、残疾研究、基础医学、运动生理学等人文科学和自然科学的诸多领域。对感性工学的研究，通常要在创建的各学科中去寻找与此相关的理论原理和知识，从而构成了感性工学的研究领域（见图7-1）。

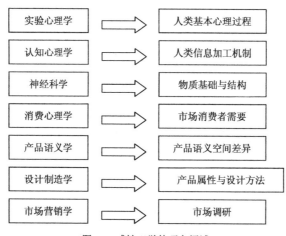

图7-1 感性工学的研究领域

7.1.2 感性工学的发展

感性工学的研究最早开始于日本，并被迅速应用到实际的产品设计之中。

1. 感性工学的诞生

感性工学的研究最早开始于日本广岛大学工学部。1970 年，日本广岛大学工学部最先将感性分析导入工学（住宅、汽车）的研究领域，当时日本广岛大学工学部长长町三生教授参与了一个称为"情绪工学"（Emotion Technology，也称"诱导工学"、"感应工学"）的研究，将居住者的情绪和需求纳为住宅设计的重要因素之一，研究如何将居住者的感性转化为具体的工学技术。

1986 年，日本马自达汽车集团前社长山本健一先生在世界汽车技术会议、美国汽车产业经营者研讨会及在美国密歇根大学发表的题为《车的文化论》演讲中，首次提出"感性工学"这一概念。他的演讲以"汽车必须能够对文化的创造有所贡献"为重点，展开乘车文化论，并且提出运用"感性工学"的方法进行乘坐感与汽车内部的设计，使之符合乘坐者的需求和感性要求。因最先倡导的"情绪工学"中的"情绪"二字无法在外国引起共鸣，长町三生教授倡导将之更名为"感性工学"。

1988 年，第十届国际人机工学会议正式确定了"感性工学"这一名称，其英文表达为"Kansei Engineering"。作为感性工学研究的主导力量，长町三生教授发表了大量的论文和专著专门论述"感性工学"。日本的感性工学的研究和运用因学者和研究者的侧重不同而形成两种趋势，一种是以长町三生教授为代表的"技术派"，主要运用在产业领域；另一种是以筑波大学原田昭教授为代表的"感觉派"，更多运用在理论研究领域。

继马自达汽车在日本国内外倡导感性工学，并于 1987 年在横滨汽车研究所成立了感性工学研究室之后，日本丰田、日产和三菱汽车公司等也随之相继成立类似的研究室，积极开展感性工学在汽车技术开发研究中的运用。1990 年至 1998 年间，日本通产省拨约 200 亿日元，用于大型研究项目"人性感觉计测的应用技术"的研究。

1992 年 12 月，日本内阁首相同意了日本信州大学白石教授提出的成立感性工学学科的申请，将"感性工学"列为国家重点科技。翌年，文部省成立"感性工学小委员会"，并将其纳入日本学术会议的"材料工学研究联络委员会"，"感性工学"正式作为学科列入文部省学科分类目录。1994 年，"感性工学小委员会"委员长、千叶大学教授铃木迈教授发表了《从既存工学体系到感性工学体系宣言》一文，进一步对感性工学学科体系进行了梳理。1995 年4 月，感性工学学科出现在信州大学纤维学部，下设三大讲座，分别是感性分子心理学讲座、感性情报讲座和感性创造工学讲座。第一届感性工学研讨会于 1995 年 12 月召开。在此次感性工学的大规模正式学会研讨会议以后，感性工学的研究逐步为人们所认知，并有一部分相关论文陆续发表，感性工学也逐渐步入正轨，感性工学学科体系也逐步建立起来。

2. 感性工学在新产品设计开发中的运用

（1）以顾客的感性为中心来定义产品的设计特征，研发新产品

随着科学技术的发展，以人为本的理念确立了产品开发的目标。感性工学通过人机学与心理学评估来捕捉顾客对产品的感受从而开发人们喜爱的产品。人机学研究的是工作设计与人体有关的问题，是衡量当代产品设计水平的最重要的指标。而心理学是研究人的行为与心理活动规律的科学，研究人类高级心理过程、人的心理需要等。无论是人机学还是心理学都是以人为核心，要求机器和环境与人的生理、心理要求相适应，从而创造产品最优化的工作效率。感性工学通过对人机学和心理学的评估，运用专业系统将顾客对产品的感受和意象转变为设计细节，依靠感性数据、意象数据、知识数据、造型设计数据和颜色数据来进行分析与归纳整理，从而更加深入地进行设计。

例如，美国一家公司在开发一种新型咖啡杯的过程中采用了具有人机学和心理学意义、

定性的探索性调研。设计团队为这种新咖啡杯确定了潜在消费者范围，并根据他们的习惯、喜好和可被察觉的心理需求和渴望，将他们分成了相关类别，并从中选定了最有希望成为主要消费对象的一类顾客，然后设想目标消费者的情景，他们做什么？读什么？喜欢什么样的产品？他们怎么喝咖啡？如何通过设计来改善他们的咖啡杯和喝咖啡时的体验？这些问题使概念和市场化的想象更为具体和实在，为产品设计提供了具体的设计理念。最后，这家公司完成了一个加了"隔热垫"的纸咖啡杯的设计并投放市场。

感性工学的感性是一个动态的过程，它随时代、时尚、潮流和个体时刻发生变化，似乎难以把握，更难量化。但作为基本的感知过程，通过现代技术则是完全可以测定、量化和分析的，其规律也是可以掌握的。通过顾客的感性来定义产品的设计特征，所研发的产品究竟合不合用，必须经过应用实践的检验，从中看出使用者是否满意、产品自身能否体现感性功能、使用者与产品之间的配合效果如何等。

（2）以感性工学为基础，开发高科技人性化、商品化的产品

先进的技术必须与优秀的设计结合起来，才能使技术人性化，真正服务于人类。将感性工学作为一种技术人性化的科学建立起来，它的建立会极大地丰富和改变产品设计的技术手段、程序和方法。与此相适应，设计师的观念和思维方式也会发生很大的转变。另一方面，也为感性工学开辟了产品设计研发的崭新领域，将感性工学运用到产品研发中对推动高新技术产品的进步起到了不可估量的作用。

人们希望的是，经过设计师的努力，令人望而生畏的高技术可以变成人们日常工作和生活的不可缺少的伙伴。对于产品，建立起一种并行结构的设计系统，将设计、人机学、制造三位一体优化集成于一个系统，使不同专业的人员能及时相互反馈信息，从而缩短新产品研发周期，并保证设计、制造的高质量。

（3）满足社会的转变及人们的喜好倾向，推进高新技术产品的进步

在一个高度竞争的市场中，顾客的需求与喜好将在产品开发过程中得到更大关注。通过感性工学的技术方法来调整设计，用来满足社会的转变及人们的喜好倾向是产品获得国际竞争力的重要手段。

感性工学的运用对推动高新技术产品的进步起到了不可估量的作用，感性工学在汽车界的广泛应用充分证明了这一点。感性工学首先是在日本的汽车产业开始得到应用的。除最先进行感性研究的马自达汽车外，日产、三菱、丰田和本田汽车也都积极地开展感性工学的研究和应用。它们共同将"感性"、"舒适"、"方便"、"愉悦"等作为设计关键词。马自达公司的首席设计师曾经说过："我们已经不再搞工业设计了，我们要制造有感情的车子。"日本及英国的一些院校也与企业合作进行了有关汽车外观设计、内部设计、汽车仪表盘设计、速度表设计和方向盘设计等方面的研究，并最终取得了一些成果。

2009 年上海国际车展上，"Mazda MX-5"就是一款应用世界最前沿的汽车工程技术和马自达独有的感性工学所设计的电动折叠硬顶敞篷跑车，如图 7-2 所示，这款车型秉承了马

自达自第一代车型开始便始终追求的"人马一体"的开发理念，即驾驶者与座驾间的互动关系应该如同骑手与马匹之间一般心意相通、亲密配合，二者须合二为一形成合力，方可极速前进。Mazda MX–5 不仅具有敞篷跑车特有的魅力和动力性能，同时也实现了出色的安全与环保性能。Mazda MX–5 由于其优秀的设计在世界各地囊括了包括"日本年度车型"在内的170 多个奖项，并作为全球累计产量最高的"双座轻型敞篷跑车"被《吉尼斯世界纪录》收录。这款汽车是在感性工学基础上成功开发的一个实例。

图7-2 "Mazda MX-5"跑车

7.2 感性工学的基本内容

感性工学是指将人心理、生理的感觉通过一定的方法进行量化，其基本内容包括感性的确定及量化的方法。

7.2.1 感性工学的基本概念

感性工学包括感觉、感性、感性工程化及感觉量化等基本概念。

1. 感觉

感觉是认识过程的初级阶段和初级形式，是由感觉器官直接感受到的事物现象，以及事物外部联系的客观存在。其中，"事物现象"是感性认识的对象和内容，而"直接感受"（指第一反应中的感受，也可认为是第一感觉）是感性认识的特征。

从认识论的角度来讲，人的感性认识是相互联系、循序渐进的，该过程包括 3 种形式，即感觉、知觉和表象。

（1）感觉——指人对事物的最初反应，是主体感官对内外环境适宜刺激物的反应形式，它能反映出事物表面的个别属性。从医学角度讲，感觉就是由感官、脑的相应部位和介于其间的传导神经组成的分析器系统协同活动的产物。

感觉是外部刺激（包括人的机体本身的某些物质感受）向意识转化的最初过程，按感受器官的不同，可将感觉分为视觉、听觉、嗅觉、味觉、机体觉等几种类型。

（2）知觉——指人对客观事物表面现象或外部联系的综合反应，能为主体提供对客观对象的整体印象。知觉不是感觉的简单总和，它是主体根据以往的经验和知识对感觉所提供的各种特征和外部联系进行分析与综合的产物。知觉可以显示出事物的主要外部特征及各要素之间的整体联系，但需要强调的是，知觉的整体性结构是对主体形态描述的新概括和形成表象的基础。

（3）表象——指曾作用于感官事物的外部形象在人意识中的保存、再现或重组。表象按其性质可分为记忆表象（又称再现性表象）和想象表象（又称预见性表象），按概括程度可分为个别表象和一般表象。表象不是知觉形象的简单重复，它再现的不是客观事物的全部特性和联系，而仅仅是那些最有代表性的、对人的实践活动最重要的特征。表象是对事物的功能和意义的理解与概括。

从医学角度来看，可以认为感觉的形成是由于在人的大脑皮层中构成的稳固联系。

要充分理解感觉的含义，还需明确感觉是"事物现象"、具体形象和抽象概括的统一。由感觉到知觉再到表象这一过程，是人的认识由个别属性和特征上升到完整形象的过程，它反映出人的认识过程具有由部分到全体、由个别到一般、由直接到间接的趋向。

不过，从人的完整认识过程来看，这些感性认识形式仅是对事物表面特征的描述，还不能揭示事物的本质。

2. 感性

从哲学上讲，感性认识是在实践的基础上形成的。人类在长期的劳动中不仅改造了外部世界，而且还进化出了具有特殊结构和功能的感觉器官。因此，有学者认为，人的感觉器官是人类整个历史实践的产物。人对外部世界的实践关系制约着感性认识的方向，感性的选择根源于人的实践活动的需要。在不同的实践关系中，主体对同一客体会形成不同的知觉和表象。如果采用逻辑语言来描述或记录这些知觉和表象，就形成了对客体的感性认识。

感性的含义可以概括为：感性是指在认识事物的过程中，对事物现象所呈现出来的反映人的感觉的知觉和表象的实践产物。

由于知觉和表象未必和主体所要反映的感觉能够真实而客观地统一在一起，所以，实践作为人的感官的生理界限也就不再成为感性认识的绝对界限。人不仅需要依靠肌体上的感官，而且还需借助由实践提供的社会性器官（即各种现象和行为），把感官无法感知的各种信息转化、放大为可感知的形式。在此过程中科学技术手段和精密仪器成为测量现象和行为的有效工具。至此，"感性"的表达也就有了依据。

需要特别注意的是，人的感性首先是思维理性的参与，不渗透思维理性因素的感性认识是不存在的。思维理性因素在感性认识过程中的作用是人的思维理性总是以这样或那样的方式积极地参与感性印象的构成，成为感性认识中不可分离的要素，并且在参与过程中，思维理性因素赋予感性内容以结构形式。思维理性因素不仅使人的感性认识具有能动性，促进感知能力的发展，而且也是从感性认识发展到理性认识的必要条件。

清晰而完整地理解感觉和感性的含义，对理解感性的可测量性及感性工程化有着重要的意义。

3. 感性工程化

感性和感觉的确不是一个概念。简而言之，感觉是人的主观感受，感性是事物的客观属性，充分认识感性工程化的含义及意义是正确理解感性工程学的前提条件。

从人类认知的角度分析，感觉是人建立在完善的心理和生理基础之上的对客观事物的主体性认识。主体性说明感觉具有个性独立的特点，同时也存在着群体一致性的特点。

在感觉由表象向思维深处转化的过程中必须有大脑的参与，医学上将此过程表述为"认识过程"，它说明感觉是客观事物经过大脑反应而产生的主观体会。在该过程中，既包含非逻辑性的表象认知，也包含逻辑性的内涵性思考，其中逻辑性的内涵性思考就是这里所说的感性认知。

例如，对冷热的评价中经常会提到"这个杯子很凉"，对得到该结论的过程进行分析，可以发现如下结果。

① 这是一个感性过程，一定程度上代表着个体的感受；

② 凉与热只是比较词汇，用于表达比较意义上冷热的程度；

③ "很凉"说明了杯子凉的程度，属于模糊性的定性评判。

从这些描述中可以看到，主体的自我感受是体现在感觉差异性上的非逻辑性认知。比如，某人感觉杯子很凉，但换一个人或换一个环境，也许会感觉这个杯子是热的。

同样，感觉的逻辑性体现在"凉"与"热"是一个比较过程，也就是说，某个人在对这两个感受形成之前肯定存在一个凉与热的标准，通过触觉可以明确人对杯子这个事物在比较意义上所感受到的冷热程度。由此可见，逻辑性思考是很重要的。对感性认知，还需要进一步理解：感觉存在差异性；感觉是比较的结果；比较过程中存在着标准。

通过对感性概念的分析，可以这样认为，感性是在感觉主体的思维基础上对客体所描述出来的基本属性，其表达是主体性的，但对象是客体性的。由此可以认为，感性是一种对思维主体的客观属性的描述，是对客观事物物化行为的主体性认识。

感觉属于思维领域的一个重要概念，由于感性是感觉对描述对象所形成的语意情态的表达，而且是最直接、最为明确的表达，所以，人们认为感觉是感性的第一表征。

长期以来，人们对思维领域的认识是相互矛盾和混杂的。有人认为对事物的感性认知本质上是客观的且不以人的主观判断为转移的。也有人认为，感性就是对事物的主体性描述，人的认识不同所体现出来的事物的感性本质也就不同。由此可见，人们对于感觉和感性的认识还是模糊而且不统一的，其中争论的焦点表现为：感性是否存在可测量性、感性是否存在系统研究方法与研究手段、感性是否存在客观性等。这使其几乎成为理论研究的禁区，相关的研究大多停留在哲学和思想领域的层面上，传统美学所采用的研究方法基本上还是定义说明定义、权威解释权威的论证方法。然而，随着现代科学技术尤其是计算机和网络的发展，这种研究方法显然已不能适应现实需求，所以，对感觉和感性的认识与研究应该适应现代科学技术发展的需求。

在感觉研究中必须清楚存在感觉上的个体差异性。所谓个体差异性主要表现在，对同一个客观事物，人们的评价和认识存在着差异性。以往主要从哲学方面进行研究，认为其形成机理是由于世界观、人生观及所采用的方法论不同而导致。从社会群体性的特征来看，这一解释行得通，但如果从社会细分的角度看，即便社会群体之间存在相同的人生观和世界观，且采用同样的方法论，但还是会存在差异性。通过教育或引导，也无法消除这种差异性。由此引出一个很难回答的问题，即为什么存在差异性？这个问题成为人们不得不去面对与思索的重大设计问题。

如图7-3所示，在认知和信息的关系中存在相互联系的复杂关系，任何一个小的干扰，都可能使最终结果产生巨大的差异。根据自然科学思想，差异性产生的原因可以从个体的心理、生理、成长阶段和所处环境等方面寻找答案。以人的一生为坐标系，随着时间维度的运行，其心理和生理上的差异性在形成系统的思维时就已经产生了。在工程技术研究中主要通过比较、观察来分析差异性产生的客观性原因。

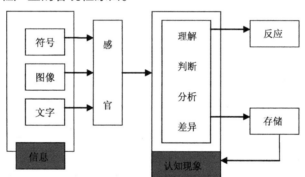

图7-3　认知与信息的关系简图

无论如何，差异性是客观存在的事实，不可能平白无故地产生差异性，否则就会出现"变异"现象（这是生物学名词，指的是在生物进化过程中出现的与原群体非统一性的自然现象），所以应该在客观性分析方面寻求差异性的产生原因。另外，现代数学也在向模糊数学方向发展，当数学理论有了突破性进展，有关差异性方面的研究也一定会取得辉煌的成果。

总的来说，社会学科的研究方法体现在研究人的感觉、感性等社会学问题中，研究重点是分析与研究其差异性。在设计上这种研究有助于体现设计的独特性，并进而体现设计的创新性。而自然科学的研究方法体现在对人的感觉、感性等技术问题中，研究重点是规律性及差异性的共因问题，目的是探究这一系统的运行规律，并归纳为符合现代技术要求的、具备可操作性的专业技术手段。清楚这两类学科研究方法论的不同之处，有助于理解与掌握感性工学的基本概念和基本方法。

举例来说，有的人害怕黑夜，从社会学来解释，这可能是在其成长程中接受过关于黑夜的语境描述而使其产生恐惧的心理所致，或者由于自己经历过类似的黑夜恐惧过程。上述结论是通过采用社会学研究方法而得到的。当然也可以从进化论的角度分析，借助黑夜的掩护，不法分子可能会使一些放松警惕的人遭到攻击，而另一些警惕性高的人却生存了下来，经过进化，便形成了对"黑夜"警惕性高的人群。由此可以认为，所谓害怕不单单是心理上的因素，还可能是进化的因素。从这个例子可以体会到社会科学和自然科学的研究手段的确不同，所揭示的规律性也不同。

4. 感觉量化

采用自然科学的方法来研究感觉，通常这种研究方法需要建立集合系统，而集合系统的建立则涉及感觉的量化，所以，感觉量化问题成为感性工学研究的重点和先导。

感觉的量化过程涉及很多方面的知识，如心理学、生理学、控制论、计算机仿真、现代数学等，这些学科的发展都会有助于感觉量化过程的发展与完善。

根据感觉量化的思想，近年来刑侦手段得到巨大发展，其中测谎仪（见图 7-4）就是建立在感觉量化理论基础上的一种重要仪器，并且随着技术的提高与基础理论研究的深入，感觉量化的精确度会越来越高。

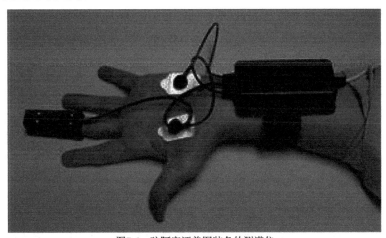

图7-4　驻阿富汗美军装备的测谎仪

目前感觉测量的基本原理是当一个人受到激发或内心感到紧张或产生情感警觉时就会产生"活化作用"。这种活化作用是通过位于人脑根部的称为网状活化系统（RAS）的次皮下单元受到刺激而产生的。通过一些装置就可以测量出人的活化作用水平，并以此为依据量化其情感警觉的程度，这样就完成了对感觉的测量。

可用于感觉测量的工具和方法有很多，如脑电图、疗皮肤反应、测瞳仪、声音高低分析仪等。但是将这些工具和方法应用于设计领域中诸如"测量受测者对于产品的感性反应"等方面则比较困难。主要原因有两个：其一，受测者对于产品的情绪波动强度一般不大，可提供的信号量很弱；其二，产品所引发的情感往往非常微妙和复杂，而仪器测出的结果不能反映出情感的复杂变化，不能直接给设计提供指导。这也是为什么对于感觉的测量还需要一些经验性的方法作为辅助手段。

需要指出的是，现代计算机模拟技术为感觉测量提供了支撑。对比以往的实验手段，采用计算机模拟技术更为直观和准确。例如，有研究者曾经做过一个试验，在汽车行驶过程中遇到障碍物发生碰撞时，研究驾驶员的反应速度与驾驶室色调之间具有怎样的关系。因为关系到受测者的人身安全，这种试验最好采用计算机模拟技术来完成。整个系统由驾驶室、操纵机构、计算机视频系统、信号传感器和计算机模拟软件等组成，通过测定取得了反应速度与室内色调之间的定性、定量关系，其研究成果对汽车驾驶室内装饰设计具有实际的指导作用。

7.2.2 感性工学的基本方法

感性工学研究的核心是将人性要素极强的感性要素转化为可量化的工学设计项目。在其转化过程中一些方法的应用是必不可少的。

1. 控制论

控制论的原始定义是"关于在动物和机器中控制和通信的科学"，它是自动控制、电子技术、无线电通信、神经生理学、心理学、医学、数学逻辑、计算机技术和统计力学等诸多学科相互渗透的产物。控制论的奠基人诺伯特·维纳（Norbert Wiener）于 1943 年在《行为、目的和目的论》中，首先提出了"控制论"这个概念，第一次把只属于生物的、有目的的行为赋予机器，阐明了控制论的基本思想。

设计过程的控制论研究重点是人的行为与目的之间的控制问题。由于设计中所涉及的因素众多，要想建立起包含诸多因素的行为与最终目的之间的逻辑控制关系是十分困难的。人们对行为与目的的控制大大加强。由于受到现有数学工具的制约，人们还不能完全解决控制与被控制之间的反馈问题，但随着控制理论与实践的发展，行为与目标之间的可预测性已有了很大的进步。

目前，控制论在感性问题中的应用还处于初始阶段，如何提高对感性问题的非逻辑过程拟合是控制论感性研究的难点和拐点。因为感性问题在一定程度上属于模糊数学的研究范畴，非线性非逻辑性表现很强，如何采用逻辑关系和线性手段模拟阶段性的表征一直是引入控制论进行研究的重点。有人认为，采用控制论来研究感性问题在一定程度上是痴人说梦，不会有结果。而更多的专家认为，虽然现在还无法完整地揭示感性问题的实质，但至少在现象的表面与初始条件之间可以架起一座有价值的桥梁，尽管这座桥梁显得有些突兀。

2. 计算机的模拟仿真

计算机模拟仿真是指借助计算机来模拟一个特定系统抽象模型的计算机程序或过程，它建立在离散数学基础之上，同样也面临着非逻辑过程和随机过程等需要研究的问题。

现在计算机模拟技术日趋完善，在某些特定领域已进入应用阶段。例如，自然界的色彩是一个连续的过程，其本质是光波被物体吸收和反射后形成的一个自然过程，现在计算机已经可以模拟出多达 64 位的色彩来真实地逼近自然色（见图 7-5）。

图7-5　色彩艳丽的计算机图形

现代人工智能在解决思维方法、自学能力和智库方面取得了很大成就，计算机模拟技术在该领域也得到了广泛的应用。

3. 现代数学工具

数学是描述自然现象最通用和最简洁的语言，对设计而言，如果能够找到一条足以解决设计问题的数学公式，那么设计就会变得非常简单。但这是不可能的，至少在现阶段是不可能的，因为现代数学还远没有达到能够解决现有问题的能力。

数学分为初等代数、高等代数、几何、拓扑学、数论、概率、数理统计等众多领域，它们都建立在集合论的基础之上。一组对象确定一组属性，人们可以通过属性来说明概念（对象的内涵），也可以通过指明对象来说明它。符合概念的那些对象的全体叫做这个概念的外延，外延其实就是集合。从这个意义上讲，集合可以表现概念，而集合论中的关系和运算则可以用来表现判断和推理，一切现实的理论系统都可以纳入集合描述的数学框架之中。

经典集合论只能把自己的表现力限制在那些有明确外延的概念和事物上，它明确限定每个集合都必须由确定的元素构成，元素对集合的隶属关系必须是明确的，绝不能模棱两可。但是客观世界中还普遍存在着大量的模糊现象，尤其随着现代科技所面对的系统日益复杂，模糊性也总是伴随着复杂性频频出现。同时，由于人文、社会学科及其他"软科学"的数学化、定量化趋向，把模糊性的数学处理问题推向了核心地位，这中间当然也包括设计的数理化问题。1965 年，美国控制论专家、数学家查德（L·A·Zadeh）发表了论文《模糊集合》（Fuzzy Set），标志着模糊数学这门学科的诞生。

人们在日常生活中经常遇到许多模糊事物，它没有分明的数量界限，要使用一些模糊的词句来形容、描述。例如，比较年轻、高个、大胖子、好、漂亮、善、热、远等。在人们的工作经验中，往往也有许多模糊的东西。例如，要确定设计是否"好"，其模糊信息相当普遍。这就需要借助模糊数学的理论来进行思考和判断。

4. 心理学

人的感觉看不见摸不着，更难以被量化，但是随着生理学、医学等科技的发展，这一状况有了转变。例如，通过测量人的生理功能就可以间接地实现对感性的测量。

据报道，2008年3月华裔科学家、前北京大学医学副教授王浩然在多伦多大学实验室首次发现测量动物情感的方法。他在参与加、美合作进行的一项科学实验研究中，首次发现动物情感调控的神经分子机制及定量实验方法，这是一个得到科学界广泛赞誉的里程碑式的历史性突破。情商与智商是人类最重要的两个智能标志。积极正面的情感有利于身心健康，消极负面的情感易导致疾病。要了解人的情感如何受控于大脑，就必须从生物学上的神经分子机制入手。而要解开这个谜团，必须先突破情感抽象与变幻莫测的状态，为情感建立一种定量研究方法，即在实验研究上找到一种科学有效的"量化"或"测量"情感的方式。

（1）感性测量方法

综合日本当前的感性工学研究成果，感性测量包括生理学测量和心理学测量两个方面。其中常用的心理学测量方法有语意差分法、语言测量法、人的行为与活动测量法、面部表情及肢体语言测量法等，而生理学测量法常用的有心跳频率、EMG（肌电图）、脑电图扫描等。

生理学测量是一种用自动神经反射和脑波来测量由外界刺激产生的感觉量的物理测量方法，该方法要用到一些专用的生物测量设备。

在现代心理学测量中，比较成熟的是一种基于语意差分法的测量方法，主要采用问卷调查与分析的方法对受测者的感性进行测量。语言测量是测量感性最常用的方法，因为这种方法实施起来较为简单，不需要深奥的统计学知识和先进的生理学测量仪器，所以大多已发表的感性工学研究成果中，在测量感性时使用的都是语言测量法，其流程如图7-6所示。

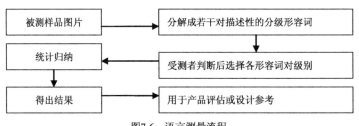

图7-6 语言测量流程

（2）感性测量方法利弊比较

上述两种测量方法各有利弊：生理测量法较为客观，但自主神经反射和脑波本身并不是感性，测量得到的感性只是一个间接的结果，只能反映感性的强度，却无法反映感性的类型和内容；而对心理学测量法而言，由于测试对象心理相应的不确定性使结果难以客观，但如果使用合理的方法制作调查问卷和进行测量，相应的不确定性是可以大大降低的。

7.3 感性工学的应用

感性工学以使用者对产品的情趣反应与认知作为分析研究基础，经由统计分析和计算机辅助技术，构建出符合使用者感觉意向的产品。

7.3.1 基于感性工学的产品设计流程

基于感性工学的产品设计过程包括明确所设计产品的情况、确定感性词汇、确定设计要素、根据产品实例评价感性词汇，将感性评价尺度转化为工学尺度、结果验证等步骤（见图7-7）。

1. 确定产品的设计定位

产品设计是从产品问题的调查研究开始的，市场由消费者组成，而消费者在对产品感性的认识、自身的需求及购买力等方面都可能不同。对市场进行充分的调查意味着对产品进行一次综合的理解，它是研究的基础，这样也为选择开发感性工学设计元素提供了背景信息。研究者首先要做的一个宏观调查是对现存的产品及概念作大致的调研，包括对产品规格、消费者和市场环境进行研究和分析，从这些粗略的调研中获取的数据是进行产品设计后续步骤的重要信息。

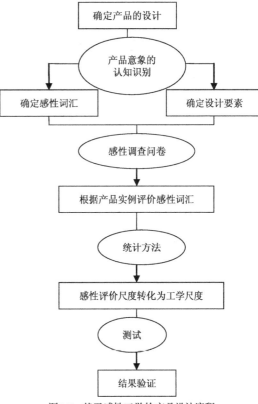

图7-7 基于感性工学的产品设计流程

2. 确定感性词汇

先从相关的广告、手册、文献、报道等方面收集感性词汇，并采用语义区分法定出评价表。语义区分法是由美国心理学家奥斯古德于1957年提出的一种用于研究事物共同感觉的方法，由概念和量尺构成，量尺的两端是两个意义相反的形容词，使用该方法可以较为细致地调查出受测者对于感性词汇的偏好态度。一般情况下，收集到的感性词汇比较多，不利于进行后继研究，因此，需要对它们进行高度地概括，用尽量少的、典型的感性词汇代表所有的感性词汇。这就需要以语义区分法定出的评价表为基础制作问卷调查表，对感性词汇进行评价，再运用因子分析法或主成分分析法对调查结果进行分析研究，以确定最终的感性词汇。

3. 确定设计要素

根据调查结果，研究者从杂志、宣传册、书籍等途径广泛收集与目标产品有关的产品图片，进行初步分类，去掉类型接近的图片，最后挑选出具有代表性的图片作为产品样本，作为足够覆盖这一产品的代表物（如产品、草图和样本等）。然后，通过产品制造人员及设计人员的研究，将目标产品分为若干个细分项目，作为研究的设计元素。最后还需对每个重要的设计元素进行分类，确定造型特征。

4. 根据产品实例评价感性词汇

感性工学与以往设计方法的最大不同是它对消费者的关注。这种关注不是设计者对消费者需求的理解，而是消费者自身意愿的表达。所以，捕捉消费者的感性因素是很重要的一个步骤。在这一阶段，要求足够数量和类型的被试者认真填写问卷调查，进行感性调查，具体过程是在调查问卷中选择具有代表性的评价对象的实物或照片让受测者进行评价。在这个环节中，感性工学调查问卷是特别关键的一个内容。问卷的设计应遵守"简洁、易懂"的要求，能够让被试者在最短的时间内回答最多的问题，以方便调查。感性工学运用前述的语义差异量表测量消费者与产品之间的情感关系，从而进行消费者的感性调查。

由于受测者本身会直接影响调查结果，所以选择的受测者范围要广，包括专家用户、一般用户和新手用户，并且受测者的年龄、性别及职业要分布合理。

5. 将感性评价尺度转换为工学尺度

在将感性评价尺度转换为工学尺度的过程中，可以采用集群分析法、多元线性回归分析、数量化理论Ⅰ类、神经网络算法、遗传算法等方法进行定量和定性的分析，其中，数量化理论Ⅰ类是最常用的方法。该方法用于感性工学研究时，常将受测者对感性词汇的评价值作为基准变量，将产品的造型特征作为因变量，建立预测模型Ⅰ并进行分析研究，可得到哪一项造型要素影响感性、其影响程度和范围如何，以及每个造型要素之下的各个造型特征对感性评价的正负影响等。

6. 结果验证

为了验证预测模型的正确性，需要进行问卷调查，将其结果与模型计算结果进行检验分析，根据结果判定模型的正确性。

7.3.2 实例——血液分析仪设计

本案例以医疗血液分析仪为例，具体介绍运用感性工学方法开发新产品的执行程序。

1. 背景介绍

血液分析仪是医疗方面的专业性设计，其外形特征要求比较特殊，并非针对普通的消费者而定。传统的血细胞检查完全采用手工方法，不仅操作繁琐费时，而且由于多种原因，计数结果的准确性和精密度难以保证。1958 年，库尔特采用电阻率变化与电子技术相结合的方法，发明了性能比较稳定的电阻抗法血细胞计数仪，开创了血细胞分析的新纪元。20 世纪90 年代以来，随着各种高新技术在血细胞分析仪中的应用，使其检测原理不断完善，检测水平不断提高，测量参数不断增加，各种类型的血细胞分析仪已在国内外各医院广泛应用。但从根本上讲，其检测原理大致分为两种，即电阻抗法与光散射法。

2. 设计目标

该血液分析仪设计以全自动血液分析仪为设计目标，其设计要求及技术要点如下。

（1）贴近实验室的全中文软件，可自主设置男性、女性、通用、儿童、新生儿等各种正常参考值范围，可打印多种报告格式，操作起来更加得心应手。

（2）计算机剥离技术：GM-3000，将计算机从中分离出来，用一台外置商用电脑代替，极大地提高了仪器的性能指标，并降低仪器的故障率，使用户用起来更加放心。

（3）仪器自动维护程度极高，不但在堵孔时能够进行自动排堵，而且在有堵孔倾向时也可自动清堵，具有高压灼烧及正反向冲洗功能。当仪器长时间不操作时，自动进入休眠状态，保护仪器。

（4）抗凝全血或预稀释末梢血，能全自动进样，并可自动冲洗、拭干采样针内外壁，避免交叉污染，保护操作人员。末梢血预稀释模式由主机自动分配定量稀释液，可重复测量，避免二次采血。

（5）仪器工作模式：双通道检测。正常工作时仅需两种试剂，稀释液及溶血剂。

（6）信息编辑：可在样本检测前、中、后随时输入病人信息，操作方便。

设计要求是在要求符合其技术要求的前提下尽量做到人性化、绿色设计的特点，提高医疗产品的人文关怀。

在本案例中，要求设计出符合医疗场合特征的外形，要求医疗人员操作简单且避免单调性，提高产品的科技感觉等。通过对设计目标认真分析，将血液分析仪的属性感作为设计目标归纳为一个形容词："人性关爱"，运用推论法进行设计，探讨满足该要求的血液分析仪的本质特性。

3. 设计程序

该设计进行的过程如下。

（1）基于网络收集市面上已生产的血液分析仪产品图片（国内外市场），共取 7 个样本，如图 7-8 所示。

图7-8　7个国外血液分析仪样本

（2）设计针对血液分析仪样本的问卷，通过调查来收集操作者对血液分析仪的属性感要求，了解这7个产品样本在属性感"人性关爱"上的强弱程度。

调查以现场问卷和电子问卷形式进行，共15份调查问卷，受测者为使用过血液分析仪的群体，均来自省市级医疗单位。受测者对7个样本进行5档（包括最具人性化、较具人性化、无明显偏向、不具人性化、完全不具人性化）的属性感评价，量化标准为 –50 分代表最不舒适，50 分代表最舒适。

调查分 A、B 卷，A 卷全部以黑白图打印，重在消除颜色、环境对受测者的影响，而让受测者把焦点集中在产品属性本身上面；B 卷则辅以色彩，重点是考察第一级子系统的"美感"概念的表现形式。通过 A、B 卷得分对比状况，可以得到色彩、质感等主观性较强的分支对于机身设计的定性影响，这对于机身设计是十分重要的。

（3）调查问卷发放 15 份，实收 15 份，统计结果（统计过程略）如表 7–1 所示。

表7-1　问卷调查统计表

	样　本						
	1	2	3	4	5	6	7
A卷	17	34	14	13	20	21	8
B卷	31	36	8	7	20	14	12
总分	48	70	22	20	40	35	20

从表 7–1 中可以看出，A 卷得分最高的为样本 2（34 分），得分最低的为样本 7（8 分），而 B 卷得分最高的为样本 2（36 分），得分最低的为样本 4（7 分）；综合前 3 名分别为样本 2（总分 70 分）、样本 1（总分 48 分）与样本 5（总分 40 分），其特征为整体线形流畅，局部功能结构清晰，造型语言柔和，符合人性化特点。两个得分最低的样本为样本 4（总分 20 分）与样本 7（总分 20 分），它们的共同特征是整体凌乱，结构功能不清晰，给人感觉拖沓冗长。

（4）分析问卷中主观部分的问答结果，整理与"人性关爱"属性感要求相关的意见，作为运用推论法开发血液分析仪的依据。问卷中要求受测者填写对血液分析仪的"人性关爱"感受方面的心理需求。将受测者的意见汇总后，其结论如下。

▶柔性要求：整体达到柔和的形态，摆脱医疗器械的冰冷感觉，注重人文关怀特性等。

▶易操作性：在采血和送样阶段能够清晰、明确地使用和操作，能够比较清楚地分清结构层次。

▶形态统一：在整体造型上具有便于识别的一致性，达到整体统一的系统性和相关的安全感。

▶现代美感：造型大气，色彩适宜。整体配色不宜颜色过多但避免单一色彩。

以"人性关爱"这个属性感作为初级概念，依次进行系统的分解，从而进行血液分析仪的推论法推论（使用推论法进行对血液分析仪的推论）。调查问卷结果经过整理和合并后概括为 4 个子系统，分别是柔性要求、易操作性、形态统一和现代美感。

基于感性工学的 AHP 过程，如表 7-2 所示，可以看到概念的深入是呈阶梯式递增的：在推论过程中有 4 个二级概念"柔性要求"、"易操作性"、"形态统一"、"现代美感"。推论至三级感性概念阶段时，与造型属性相关的物理量开始陆续出现，并得到进一步的数据化。比如，从柔性要求推出适当的光滑感、匀质感、简洁感、清新感，继而深入推出与该项要素直接相关的诉求词语，如小圆角、减少装饰、采用蓝色等所有物理量的量化水到渠成。在这个过程中，层次表格结构图的摆列清晰明了，它有助于检验是否有客户的诉求被忽略或遗漏，以及随时提示各级要素应对应何种物理量和取得该物理量的测量方法。

表7-2　基于感性工学的层次分析

根系统	子系统	二级子系统	三级子系统	本质要素	定量物理量
人性关爱	柔性要求	光滑感	线形顺畅	整体	平滑处理
			转角过渡量小	过渡	小倒角
		匀质感	秩序感	整体	不变中求变
			统一性	局部	局部复制整体
		简洁感	无装饰	附件	减少装饰
			棱角分明	整体	无大圆角
		清新感	色彩对比强	整体	采用蓝色
			干净感觉	整体	白色底色
	易操作性	明确性	标示准确	操作	有黄色
			结构示意明确	面板	色彩区分
		准确性	不拖泥带水	面板	符合人机
			单一性	操作	符合人机
		细节突出	细部清楚	散热空	散热空细长条
			避免误操作	运动件	试样集保护
		无障碍性	避免转角尖锐	倒角	小圆角
			舒适感	整体	色彩明度小
	形态统一	结构统一	整体和细节统一	局部	重复造型
			细节呼应整体	局部	色彩方面
		色彩协调	搭配合理	整体	蓝色
			不超过两种	部件	蓝白相间
		形象造型语言统一	造型语言平实	整体	不夸张
			重复出现	局部	变化的方盒子
		完整感	制作精良	全体	表面涂覆
			整齐感	整体	工艺缝
	现代美感	大方	国际流行	色彩	色彩区分
			不局限于局部	整体	不做作
		几何化	多采用长方体	整体	前面板
			避免椭圆	整体	上表面过渡
		造型抽象	采用结构化	局部	电子设备
			透明材质	局部	小圆角
		科技感	金属质感	局部	色彩明度小
			肌理清晰	整体	表面涂覆干净

4. 设计结果

经过分析，在采用层次分析的感性工学系统参与设计的前提下，该血液分析仪设计效果如图 7-9 所示，血液分析仪的效果模拟如图 7-10 所示。

图7-9　血液分析仪的设计效果图

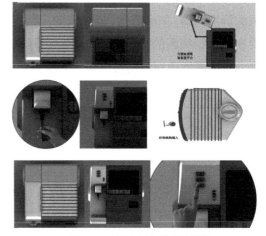

图7-10　血液分析仪的效果模拟

复习思考题

1. 什么是感性工学？它与设计心理学是怎样的关系？

2. 感性工学首先在哪个领域发展起来的？现在的情况如何？

3. 感性工学的基本内容是什么？

4. 一般来说，感性工学的产品设计流程是怎样的？

第8章
设 计 案 例

本章重点

◆ 实例一 茶具设计。

◆ 实例二 滚筒洗衣机设计。

◆ 实例三 插座设计。

◆ 实例四 品牌洗衣机传承设计。

◆ 实例五 基于传统文化意蕴的音箱设计。

◆ 实例六 清洁机仿生设计。

◆ 实例七 便携数码摄像机设计。

◆ 实例八 未来交通工具概念设计——"Gtaxi 城市出租车"。

学习目的

通过本章 8 个例子的学习分析，进一步提高在实际产品设计中运用设计心理学知识的能力。

对于产品设计来讲，设计心理学的内容始终贯穿其中。从设计师本身的设计创意灵感到设计的深入细化再到产品制造的整个过程，都自觉或不自觉地运用了设计心理学的知识。这是由于设计心理学的根本就是以人为本，核心是满足人的需求，这和产品的设计思想是一致的。所以说设计心理学的知识已经和产品设计本身融合在一起。

熟悉设计心理学的知识，并把它融入产品设计之中是对一个优秀设计师的基本要求。只有以设计心理学的知识为基础，设计出符合人们需求的产品，这个产品也才是真正的经典之作，也才经得起市场的考验。下面分析 8 个实例，这些实例都是学生的作品。这些作品可能并不完美，但每一个都有其可取之处。希望这些实例能给大家带来启发，从而进一步体会设计心理学在产品设计中的重要之处，并真正把心理学的知识运用到产品设计中去。

实例一　茶具设计

正确合理地运用消费者情感心理，不仅能增加人与产品的亲和力，而且能用产品自身的语言与人交流沟通，达到一种非生命的产品与人的友善，使平淡无奇的使用与被使用者之间产生一种极为微妙的情感，从而大大提高产品的附加值，提高产品的竞争力。

中国是饮茶大国，大多数中国人喜欢饮茶，还有自己独特的茶文化和茶具。在饮茶的人群里有老人也有年轻人。喝茶能够体现一个人的品位和内涵，并从中体味人生，感受生活。中年人喝茶用来暂时缓解压力和放松心情，也不乏附庸风雅的心理。青年人喝茶不符合年轻人的性格，他们喜欢快节奏，但茶文化需要他们去传承。

饮功夫茶一般要具有一定的文化素质或有比较丰富的人生阅历，有着较高的生活品位和对传统东西的热爱，喝茶的目的是放松心情，品味生活。

所以，在设计茶具时应该把握两个心理方面，一方面突出一定的生活品位，展现一定的传统文化；另外一方面应该使茶具在人们品茶的时候能感到一种情趣感和现代感。

针对上述要求，在设计时采用整体的设计方法，将设计要求和人群的分析相结合，组合成一个完整的系统。首先，追求外观整体性和合理性——茶具包括的物件比较多，要使得各个物件通过某种方式完美地组合成一个整体，这个整体能体现一种文化感和现代感，在现有茶具的基础上进行优秀灵感的提升，从而更好地满足人们的文化品味。同时，尺寸要符合一些常规或标准的要求；其次，茶具的设计要符合人们常用茶具的功能要求；最后，茶具设计要符合人机关系，让人们使用起来心情舒畅愉快，满足人们的心理需求。总之，以茶具为平台，引导更多的人去了解茶文化，去体验传统，品味生活。

移石栽花种竹，烹茶酌酒围棋。茶有"茶道"，棋有"棋道"，喝茶下棋之间，便有深意。围棋和茶都是中国文化的明珠，他们两者有共通之处，而这种共通之处就是东方哲学。

如图 8-1 所示，该设计运用中国的传统文化元素围棋的造型特点，将围棋在造型和意蕴上进行有机的结合，突出中国茶文化。用黑白色和突破传统的造型，体现现代感。茶杯采用围棋棋子的外观造型，突出流线型。茶壶采用棋罐的造型，将壶把和壶嘴隐藏起来，突出整体感。茶托的灵感来自棋盘，将经纬线的边线渐变，给人一种无限延伸的感觉。通过情趣的造型吸引年轻消费者的眼光，使这些平时不怎么喝茶的人群去关注茶文化，即建立一个沟通年轻消费者和国粹茶文化的平台；希望通过与围棋形态进行有机结合，使得两者相得益彰，互相促进。此设计将茶具中的中国文化元素进行了很好的诠释并且造型富有现代感，同时符合茶具的常规标准。

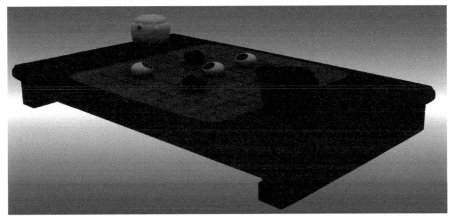

图8-1　茶具设计

实例二　滚筒洗衣机设计

创作具有独创性的形态，能给人以新颖的心理感觉，同时也体现出设计师的创作个性。独创性的形态包含着一种特殊的美感，设计师通过这种美感唤起人们的对未来生活的追求。

随着科技的发展，越来越多的新功能应用在洗衣机上，这也导致操作的复杂性和人机信息交换量的增加。现有的洗衣机的形态及使用方式能否满足使用者的轻松的使用与操作，是该设计重点考虑的问题。

产品的使用对象不仅仅是正常人，还有残疾人，从正常人与残疾人在家庭中的生活状态及做家务活的状态、现代家居的生活环境三方面展开调查。考虑到现代家庭家居环境不大，尽量使洗衣机节约空间；在使用过程中身体最不舒适的部位是腰部，而且全过程要两次弯腰，如何简化过程，避免弯腰呢？采用单斜面洗衣机，机盖与操作键放置在一个向前倾斜的斜面上，这样既减小了人在洗衣操作时的弯腰程度，又可以给坐轮椅操作的洗衣者留有充足的下部空间。可以自行调节机盖的位置和高度，使得不同的使用者都能找到最舒适的操作姿势。

在用户的操作上，可旋转顶开式洗衣机有两种开门方式。它可以根据使用者的身高或操作习惯选择顶开或侧开。如图 8-2 所示的三种状态模式适合不同的人群对洗衣机的操作。Model1：站立姿势的人可以保持身体直立状态将衣物放入洗衣机，并操作面板。Model2：轮椅人士可以保持舒适的身体姿势将衣物放入洗衣机，并操作控制面板。Model3:洗完衣服后，站立姿势和坐轮椅的人士可以将衣物轻松取出。在设计细节上，包括洗洁剂盒的把手，开门键与透明机盖上相应的 LED 灯，侧面盛放洗衣粉或衣架的方便盒都是该方案的亮点，其外观效果如图 8-3 所示。

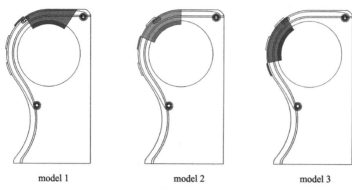

model 1   model 2   model 3

图8-2　滚筒洗衣机的三种模式

图8-3　滚筒洗衣机的外观效果

实例三　插座设计

设计产品时要考虑人们对产品的使用方式，不同的产品使用方式必然会产生不同的心理变化和形态改变。良好的使用方式设计能够使产品更方便操作，提高产品的使用效率，满足消费者不同使用情况下的需求和心理享受。

生活节奏快的城市年轻一族都或多或少地拥有一些电器产品，插座就成为年轻人生活中不可或缺的常用品。这些年轻人具有一定的文化素质和较高的欣赏水准，更喜欢有高科技感和设计简洁的产品，无论从整体还是细节都要求更高的质量。在使用上除了使用安全性、便捷性方面的要求外，对人机互动也有一定的要求。因此，设计时不能只局限于设计者自己关注的领域，应从消费者的各个方面，考虑使用的广泛性。

在发现日常生活中普通插座诸多的使用不便后，结合使用群体要求，发现普通插座插接大量诸如充电器等大个头用电器时，常出现接头与接头拥挤或容不下，而设计者通过改变插孔的布局，将每个面错开，使插头不再拥挤；普通插座在拔插头时，常因大意误拔错插头，而通过智能电子显示屏的设计，显示出用电器的符号解决了误操作问题；普通插座的开关指示不够明确，有安全隐患，设计者通过旋转开关设计，使指示作用更明确。

　　如图 8-4 所示，该设计中结构与外观几何的巧妙的结合使此插座的设计造型具有新颖性。其操作方式的改变给用户带来了趣味性。插座孔的斜面设计也提高了用户的可操作性。顶部的电子显示标志符合用户的知觉要求，也在保证产品安全性的同时防止了误操作。

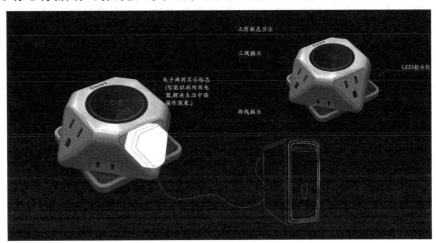

图8-4　插座设计

实例四　品牌洗衣机传承设计

　　品牌设计的传承可以从两个方向理解：一是延续，二是创新。所谓"延续"，它涵盖了品牌文化，即设计的核心理念、设计风格与造型等；所谓"创新"，它要求设计师能够预测消费者的未来需求，或者要求设计师能够把优化消费者的生活方式作为目标，从文化理念（包括消费者的情感需求等）、技术（包括材料、工艺等）、人机学（包括人与产品、环境）、生态等角度深化与提升原产品的内涵，从而达到品牌延伸的目的。

　　理解品牌的延伸设计，找出飞利浦品牌在产品设计中的共性，以飞利浦"精于心，简于形"的设计理念指导滚筒洗衣机创新设计。在设计此产品时从人机工程学原理和设计心理学、产品语义学等方面探讨与研究，使产品更加人性化、情趣化，符合现代人的审美观念，与现代家居相协调。

　　飞利浦利用新技术来解决人们日常生活中的一种需求，通过新的方式和技术提供给人们一种实现方式，使人们感到更加亲切和满意。在设计时要进行以下工作：造型引用欧式风格的"板式"机，造型简洁，四方稳重，以技术表达内涵，满足消费者需求，使得洗衣成为一种享受，体现人性化的设计理念。色彩方面在产品整体颜色上寻求突破。与传统的白色、银色外观相比，彩色、黑色、酒红色的洗衣机格外显眼。洗衣机在功能上要实用，在使用上要方便、安全、环保、节水、节能，在外观上要精美，在设计上要人性化，在摆放上要便利。最后方案是以光触媒、光照杀菌为切入点，将飞利浦照明延伸到洗衣机上，突出品牌个性，又给产品增加了亮点。

考虑到用户的操作要求，造型上面有以下考虑：①两侧圆弧不等边切角，最大化容纳空间，使外壳加固的同时又避免棱角误伤使用者。②前端圆弧造型，采用夸张手法更具亲和力，减小人机之间的距离，上面功能分区自然弧度5°倾斜，方便操作，且易于视觉范围，方便人与机之间的信息交流。洗衣机下部弧面向内凹，给人留下部分容脚空间，方便操作。另外，其造型上的最大特点是超大滚筒视窗，采用钢化镀膜玻璃，单向透光性，避免高强度光线穿过玻璃刺伤眼睛。人性化设计表现在前面大弧线造型，玻璃视窗突出，便于观察洗衣状态，操作面板倾斜，方便操作。内外筒不同轴设计，在满足内外筒间储水容量的同时，将内筒的高度抬高，这样就减少了用户的弯腰程度及频繁弯腰的次数，更加人性化。

功能上的一大创新点是在视窗门的中央设有一圆形杀菌灯，它的主要作用是提供高强度照明，使其催化附在内筒表面的光触媒物质（光触媒是一种利用光能，进行催化反应的触媒，透过光能的启动，与附在物体表面的外来物质产生氧化或还原作用），以达到除菌、杀菌、抑菌或使物体表面清洁的目的。

细节方面，超大旋转调扭显示盘设有荧光显示环，在方便操作的同时也不乏情趣化。超大清晰智能触摸显示屏提供视觉、触觉上的双重享受。整体造型采用夸张手法，突出个性，同时也方便用户操作使用（见图8-5）。

图8-5 飞利浦品牌洗衣机设计

实例五 基于传统文化意蕴的音箱设计

中国传统文化博大精深，影响着人们的生活与设计。文化就是生活。设计创造本不存在的具体器物，体现人们对生活的不同认识和态度，并在体现这种精神因素的同时以具体的器物存在设定人们的日常行为，从而引起人们生活方式的变化。可以说，文化的演进正是经过有意或无意的"设计"而实际进行的。

文化的中心是人。文化本身的发展也好，设计本身的发展也好，都存在一个评判标准和向哪里发展的问题，即发展的终极价值问题。这个终极价值只能是人，人的发展、文化的发展，就是人类不断从实践中认识、不断发展的自我，并以这种对自我的认识来关怀自己的实践的过程。而这种自我对实践的关怀，正是体现在人们对自己生活方式和生产方式的"设计"中。

在产品设计中怎样才能体现传统文化的底蕴呢?

首先，是选择适合的传统文化点，即选择切入点。由于中国传统文化博大精深，内容及其丰富，因此，选择哪方面的内容来表现中国传统文化显得非常重要。一个优良的传统文化对于人们来说，不但易于接受，而且便于传播，这样才能达到设计的真正目的。中国传统文化不仅包括中国历史上的辉煌物质，还包括中华民族在历史中形成的民族精神和民族艺术。在世界上，这些传统文化就是中国的缩影，见到这些元素存在于哪些作品中，就知道哪些作品是中国的。但在中国,有些东西正被人们渐渐遗忘。如何将这些东西以另一种方式重新演绎，是本设计要解决的难点。

其次，是怎样将传统文化元素与设计的创意相结合。造型表现形态是中国文化较之其他文化中最具特色的部分，通过对传统造型的分析提升出文化的表现体系有十个方面，包括图像、尺寸比例、色彩、形态、文字、审美、数量、材料、制作工艺、用途。以这些方式来呈现中国传统中的生活观及宇宙观，这些都是与人们的宗教信仰及生活风格有着密切关系的，而与西方文化有着明显的差异，若能相对考虑传统文化实用性与象征性，作为现代设计的参照，由此可以更加突显文化的特殊性与价值。

如图 8-6 所示的音箱设计，整体造型以方形为主，前表面饰以传统网格。其色彩以中国传统的红色为主色调，边框处配以黑色，色彩热烈而不失稳重。整个音箱设计体现了强烈的中国特色。

图8-6　音箱设计

实例六　清洁机仿生设计

设计既是有感情的又是有生命的，它的感情反映在设计过程中设计师的情感寄托，它的生命体现在使用过程中自身使命的演绎，因此，采用仿生的方法更能体现产品的情感寄托。

　　情感是人们对客观事物的态度中产生的一种主观体验。人是有感情的，人对物产生感情的原因是产品自身充满了情感。如果设计师在设计产品的过程中，将设计的情感因素融入产品，那么产品就将不再是单纯的物的东西，它就具有了人的情感，产品的亲和力就会得到增强，很容易引起人们的情感共鸣，也会与人们产生情感交流，从而实现以产品形式来达到利于社会沟通与情感的交流。

　　形态从其再现事物的逼真程度和特征来看，可分为具象形态和抽象形态。具象形态是指透过眼睛构造以生理的自然反应，诚实地感觉到外界之形状存在的形态。它比较逼真地再现事物的形态。具象形态具有很好的情趣性、有机性、亲和性、自然性。抽象形态是用简单的形体反映事物独特的本质特征。人们面对这种形态时，会产生"心理"形态，这个形态经过个人主观的联想产生丰富的色彩和形态的变化。

　　形态与自然的联系主要体现在人们对自然形态的把握和借鉴，体现在仿生设计中。如图8-7 所示，这款清洁机的设计就是水母的仿生设计。这款设计的特色在于清洁机的储水箱采用了透明材料进行了外露设计。使用者在使用的同时可以观察到水在七彩的出水管道中流动，让使用过程充满了乐趣。清洁机的底部采用了内嵌式小滑轮设计，便于使用者在使用的过程中对产品的移动。把手设计在产品的中下部，为前后开合式。

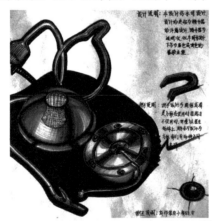

图8-7　清洁机仿生设计

实例七　便携数码摄像机设计

　　在信息时代，年轻人的消费情感和心态对数码产品的设计影响很大。这就要求设计者在给年轻消费者设计数码摄像机过程中要考虑情感因素，外观造型、色彩设计或使用方式设计要有创意，具有时尚性，满足年轻消费者求新求异的心理需求。另外，考虑便携式设计，使数码摄像机更符合人性化、和谐化的设计要求。

　　一款设计简洁，体积小巧的DV，在拍摄中使人感受到无尽的轻松。从数码摄像机的造型发展来看，机身设计要符合人体工程学设计，大方得体，手感舒适，可以实现单手摄录和操作。另外，为了迎合不同消费者的口味，有的数码摄像机抛弃了传统摄像机的设计框架，外形圆滑轻薄，轻盈便携。现在数码摄像机色彩有了突破性设计，多款"彩妆"外壳的摄像机已经登陆市场，这些"彩妆"外壳的机型已经赢得年轻人的喜爱。

在广泛进行市场调查的基础上确定了设计的便携数码相机应具备以下特点：①设计实现操作简单，简化复杂的按键。简化操作程序，精简按钮排列。②满足随时拍摄需求，实现运动时抓拍效果清晰，将运动感加入到设计中。③增加一些附加功能，例如，在不使用时可以当装饰品，考虑增加音乐播放、电影播放、录音等功能。④数码摄像机的材质上使用防静电材质。⑤造型个性化，满足便携式，满足年轻人求新求异的心理。⑥色彩借助流行元素，满足时尚化特点。

最终的设计方案如图8-8所示。造型的灵感来自于汽车的方向盘，连接方式为轴式连接，可旋转打开。产品考虑了刻录光盘与主体的关系，设计的是光盘刻录式，随拍随录，不用转存到电脑中。在连接方式和使用方式及整体造型上有所创新，材质上使用了凹凸的质感，可以在使用时防滑。

图8-8 便携数码相机设计

实例八 未来交通工具概念设计——"Gtaxi城市出租车"

产品设计的目的是为人类创造更合理的生活方式，生活方式必须依赖于一定的自然、社会、文化环境或技术的发展。未来的世界必是信息的社会。以信息的交流为主题而衍生出的高技术层出不穷。功能可触媒体、普适计算……未来的交通系统必将是以车联网技术为基础而建立起来的。

车联网是指装载在车辆上的电子标签通过无线射频等识别技术，实现在信息网络平台上对所有车辆的属性信息和静、动态信息进行提取和有效利用，并根据不同的功能需求对所有车辆的运行状态进行有效的监管和提供综合服务。未来车联网将主要通过无线通信技术、GPS 技术及传感技术的相互配合实现。

车联网技术下的高智能车辆驾驶系统能够使车辆如深海中的鱼群快速地游动却彼此永不相撞。未来汽车所具备的3D智能导航系统，就像一个智能机器人，能与交通设施、其他车辆进行信息交流，自动引导汽车行驶，无须人驾驶。

设计围绕"公共交通的个性化"的理念来展开，最后确定的概念设计为"Gtaxi城市出租车"。Gtaxi城市出租车是一款能够满足人们个性化需求的公共交通工具。借助车联网信息平台，它们能够实现自动定位、自动搜索路线等任务而无须人工干预。能实现车辆与车辆、车辆与道路之间的信息交互又能保证行车的安全性。产品适用于具有环保意识且追求个性化的群体。

Gtaxi城市出租车所倡导的是一种全新的交通理念，如图8-9所示，它们由相关部门统一管理并被部署在大街小巷的各个停车点，用户只需要购买一张智能车匙便可使用它们。用户的车匙可以自动联络最近的车辆。在用户使用完毕，车子会自动停泊到就近的停车点，等待下一个客人。车辆停靠在放置区内时车身自动向上隆起，其停放需要的空间较小，这样就实现了空间的有效利用。

图8-9　Gtaxi城市出租车使用流程

带有射频技术的车匙可以联络距离适合的车辆，推荐行驶路线，使用户的生活变得快捷和高效，这大大提升了车辆的功效。用户的车匙能够记录驾乘信息、判断用户的驾驶习惯、自动调节座椅高度、播放用户爱听的音乐甚至变换内饰的颜色、这些都符合未来人们高度个性化的需求。

产品满足公共交通的基本功能，即共享、通用，占用很少空间，能够在车联网技术基础上实现自动驾驶，并实现人与车、车与车之间的直接信息交换，使得车辆成为用户的"帮手"和信息终端。内饰方面通过"通用设置＋个性化调节"来满足不同人群的需求（见图8-10）。

产品的车身造型通过简洁流线的形态造型使产品符合空气动力学原理，以此降低能源消耗提高效率，并在满足功能的基础上将车身尽量简化，将复杂功能隐蔽起来。通过这种视觉上的不可见性达到一种具有未来感、高科技的简约美感（见图8-11）。产品的色彩采用黄色为主基调，醒目而亮丽时尚的色彩拉近了与大众的距离。

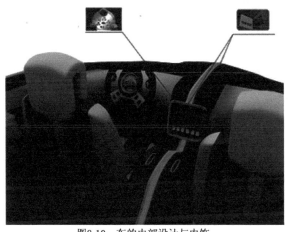

图8-10　车的内部设计与内饰

图8-11　Gtaxi城市出租车

材质语义是产品材料性能、质感和肌理的信息传递。材料的质感肌理是通过产品表面特征给人以视觉和触觉感受及心理联想和象征意义。此产品的内饰以皮布料为主，符合环保的要求。车身启用高强度碳纤维和钛合金，以此种材料的选取减轻整车重量，提高了强度，增加了车辆的安全性能。

在动力方面，车辆动力系统是通过全景天窗的太阳能板发电及氢动力发动机双重供能。实现零排放，环保无污染。这些设计都体现了保护环境、节约能源的设计理念。

参考文献

［1］李乐山.工业设计心理学.北京：高等教育出版社，2004.

［2］任立生.设计心理学.北京：化学工业出版社，2005.

［3］李月恩，王震亚，徐楠.感性工程学.海洋出版社，2009.

［4］赵伟军.设计心理学.北京：机械工业出版社，2009.

［5］张承忠，吕屏.设计心理学.北京：北京大学出版社，2007.

［6］赵江洪.设计心理学.北京：北京理工大学出版社，2004.

［7］张明，陈彩琦.基础心理学.长春：华东师范大学出版社，2003.

［8］宋专茂.设计心理学.广东：广东高等教育出版社，2007.

［9］王雁.普通心理学.北京：人民教育出版社，2003.

［10］李彬彬.设计心理学.北京：中国轻工业出版社，2000.

［11］马谋超，陆跃祥.广告与消费心理学.北京：人民教育出版社，2003.

［12］［美］唐纳德·A·诺曼，梅琼译.设计心理学.北京：中信出版社，2003［M］.

［13］彭彦琴.审美之魅：中国传统审美心理思想体系及现代转换.北京：中国社会科学出版社，2005.

［14］邹先祥，罗旭光.家电产品设计.湖南大学出版社，2009.

［15］柳沙.设计艺术心理学.北京：清华大学出版社，2006.

［16］［美］托尼·亚历山大.人本销售.广东：广东经济出版社，2005.

［17］高楠.工业设计与创新的方法与案例.北京：化学工业出版社，2006.

［18］张承芬，宋广文.心理学导论.北京：人民出版社，2001.

［19］罗子明.消费者心理学.北京：清华大学出版社，2002.

［20］赵鸣九.大学心理学.北京：人民教育出版社，2003.

［21］何克抗.创造性思维论.北京：北京师范大学出版社，2000.

［22］王方华等.服务营销.山西：山西经济出版社，2003.

［23］［美］冯·贝塔朗菲.一般系统论基础的发展和应用.北京：清华大学出版社，1987.

［24］张承芬.心理学导论.北京：人民出版社，2001.

［25］屈云波.市场细分.企业管理出版社，2010.

［26］王光武.设计心理学在家电产品中的应用研究.西安工程科技学院硕士学位论文.2006（3）

［27］吴晓莉.基于心理学的用户中心设计研究.陕西科技大学硕士学位论文.2006（5）

［28］周睿.基于可用性的手机交互界面设计研究.南京理工大学硕士论文.2006（6）

［29］姜葳.用户界面设计研究.浙江大学硕士论文.2006（3）

［30］吴玉生.产品设计的情感要素研究.武汉理工大学硕士论文.2006（5）

［31］吴珊.家具形态元素情感化研究.北京林业大学博士论文.2009（10）

［32］汤凌洁.感性工学方法之考察.南京艺术学院硕士论文.2008（4）

［33］毛子夏.基于感性工学产品造型设计的理论分析研究.北京航空航天大学硕士论文.2007（3）

［34］李月恩，王震亚，李大可.感性工学理论研究及开发应用.武汉理工大学学报.2010（3）

［35］赵秋芳，王震亚，范波涛.感性工学及其在日本的研究现状.艺术与设计（理论）.2007年07期

［36］彭彦琴，叶浩生.人格：中国传统审美心理学的解读.西南师范大学学报.2006（1）

［37］李永锋，朱丽萍.基于感性工学的产品设计方法研究.包装工程.2008（11）

［38］邹元元.谈感性工学在新产品设计研发中的运用.中国集体经济.2008（1）

［39］赵建国.湖南科技大学 http：//www.newmaker.com/art_13363.html

反侵权盗版声明

电子工业出版社依法对本作品享有专有出版权。任何未经权利人书面许可，复制、销售或通过信息网络传播本作品的行为；歪曲、篡改、剽窃本作品的行为，均违反《中华人民共和国著作权法》，其行为人应承担相应的民事责任和行政责任，构成犯罪的，将被依法追究刑事责任。

为了维护市场秩序，保护权利人的合法权益，我社将依法查处和打击侵权盗版的单位和个人。欢迎社会各界人士积极举报侵权盗版行为，本社将奖励举报有功人员，并保证举报人的信息不被泄露。

举报电话：（010）88254396；（010）88258888

传　　真：（010）88254397

E-mail：dbqq@phei.com.cn

通信地址：北京市万寿路 173 信箱

　　　　　电子工业出版社总编办公室

邮　　编：100036